让你的理想
成为现实

文　浩◎编著

北方文艺出版社

图书在版编目（CIP）数据

让你的理想成为现实 / 文浩编著 . -- 哈尔滨：北方
文艺出版社，2018.6

ISBN 978-7-5317-4154-1

Ⅰ . ①让… Ⅱ . ①文… Ⅲ . ①成功心理 – 通俗读物
Ⅳ . ① B848.4-49

中国版本图书馆 CIP 数据核字 (2017) 第 326268 号

让你的理想成为现实
Rang Nide Lixiang Chengwei Xianshi

编　著 / 文　浩

责任编辑 / 张　喆　刘想想　　　　封面设计 / 尚　世

出版发行 / 北方文艺出版社　　　　网　址 / www.bfwy.com
邮　编 / 150080　　　　　　　　　经　销 / 新华书店
地　址 / 黑龙江现代文化艺术产业园 D 栋 526 室

印　刷 / 河北盛唐印刷有限公司　　开　本 / 889×1194　1/32
字　数 / 151 千　　　　　　　　　印　张 / 7
版　次 / 2018 年 6 月第 1 版　　　印　次 / 2018 年 6 月第 1 次印刷
书　号 / 978-7-5317-4154-1　　　定　价 / 38.00 元

前 言

从小到大，我们看过、听过无数关于理想的名言：

理想是人生的奋斗目标。人的生命是有限的，要使有限的生命有意义，就必须在奋斗目标的指引下沿着正确的道路前进。

理想是人生前进的动力。理想是激励人们向着既定目标奋斗进取的动力和人生力量的源泉。

理想是鼓舞我们自身发展的重要保证。

理想是照亮我们前行的路灯，是激发我们奋发的动力。

……

但是，光有理想肯定是不行的。要想取得事业和人生持续的成功，首先，你要做一个好人。所谓好人就是有一颗好心的人。所谓好心就是关爱他人之心。这样一颗好心要在生活和工作中磨炼才能提升和完善。其次，就是你必须勤奋工作，必须付出不亚于任何人的努力。这中间自然包括每天钻研创新，也包括胜不骄、败不馁的坚韧不拔的精神……只要你这样做了，那么就会实现"自助、人助、天助"，你自身的潜力可以充分发挥、你周围的人由衷地支持你，而且上帝也不吝赐予你灵感，赐予你最高的智慧——你的理想的实现将不可阻挡，你的成功将不可避免。

——这就是本书所要讲述的主旨要义。

本书将通过无数生动的事例告诉你，如何才能将心中瑰丽的梦想变成活生生的现实。

衷心感谢你对本书的关注！诚望批评指正。

目录
Contents

第一章　努力自我提升

第二章　修德励志

第三章 自我完善之"愚"学

第一章

努力自我提升

一、读万卷书　行万里路　厚积薄发

在社会发展的过程中，人们读书学习是提升自我、完善自我的一个重要过程。有的时候读书是学习，经风雨见世面也是学习，即读万卷书，行万里路。只有在不断的学习中才能提升自我适应时代发展的需要。

有的时候，尽管你已经有了得体的外表，而且待人接物彬彬有礼，你也渴望给别人一个儒雅高尚的印象。但是如果你胸无点墨，对别人谈论的诸多话题知之甚少难以参与，或是说几句露出无知的错话。人们对如此的你，充其量只能给个"绣花枕头"的评价。况且，没有知识底蕴的风度，仅是做出的潇洒，是强装出来的，一不留神就会"草包露馅"。因此，如果你想成就自我的良好形象，必须从源头做起，努力学习，拥有真才实学。

身处于公司的众多人之中，上有老板，左右又有同事相伴，如果你并不是一个非常显山露水的人物，就没有被人过多地注意过。而处在这种境况下的人们往往又不甘于如此无闻下去，想方设法地通过一些途径逐渐提升自己在公司内的地位，这其中也包括薪金和声誉的提高。因为人是有进取心的高级动物，适应与超越自己的生存环境是天性所驱使的，有谁会甘心始终处于一个碌碌无为的状态之中呢？

那么，怎样才能摆脱平凡的境况，使自己的事业有一个更大的发展呢？

有些人极尽溜须拍马之事，虽然有时能收到短期效益，但狐狸尾巴迟早是要露出来的，这样也不是长久之计。还有一种人，偏做是非之人，以抬高自己为目的，对自己的同事任意贬低。这种作风在老板面前表现得更突出，因为老板把握着他升迁的机会。他们本以为这样做很聪明，却成了随意搬弄是非的代言人，遭到身边人的鄙视。而老板对这种扰乱和谐的人自然也很反感，最终成了过街老鼠，人人喊打。

如果你正想以这种方法去打动人心，那么你应该趁早就此打住，因为这不是好办法。这种不得民心之事，还是不做为妙。

你每天面对的都是平凡琐碎的工作，有时有的工作甚至枯燥乏味，在这种情况下你何不从平凡中吸收能使自己提高的营养，不断提升自己的能力，在工作中学习，在学习中工作。这样才能获得别人的认可和赞赏，如此下来你所追求的目标迟早会实现的。

脚踏实地、不断努力，才能逐渐有所收获。也只有这样，成功才不是不可实现的梦。正所谓人无完人，不可能什么都知道、都懂得，那就需要不断学习来补充自己的不足。

程颢、程颐是洛阳伊川人，同是宋代著名儒学家，后人称之为"二程"。"二程"学说，后来被朱熹继承和发展，世称"程朱学派"。杨时、游酢，向"二程"求学，非常恭敬。杨游二人，原先以程颢为师，程颢去世后，他们都已40岁，而且已考上了进士，然而他们还要去找程颐继续求学。故事就发生在他们初次到嵩阳书院，登门拜见程颐的那天。

相传，一日杨时、游酢，来到嵩阳书院拜见程颐，正巧程颐在坐着闭目养神。程颐明知有两个客人来了，却不言不动，不予理睬。杨时、游酢二人怕打扰先生休息，只好恭恭敬敬，肃然侍立在门外，一声不吭等候他睁开眼来。如此等了好长时间，当时正是冬季，并且还下起鹅毛大雪，但是两个人都没有要走的意思，决心已下，非拜师不可。当门外的积雪到了一尺厚的时候，程颐才见客，见了杨时、游酢二人，故作吃惊说道："贤辈尚在此乎？"意思是说你们两个还在这儿没走啊。遂收两个人为徒，把自己的学问倾囊而授。

这就是"程门立雪"的典故了。在宋代读书人中流传很广，后来形容尊敬老师，诚恳求教。也就是告诉人们要虚心向前辈或者在某方面更专业的人请教，拿出诚意来对待。

（一）不断学习 努力进取

进了公司之后，还要不断地充实自己。学习是没有止境的，也是不应该间断的。一天不拿笔就感到手生，一天不动脑就会发现自己变迟钝了。一面学习专业知识，一面学习社会知识。工作了一段时间以后，有了经验，你就有了施展才华的舞台。可以说这是准备工作，一场仗打得是否漂亮主要看你准备得如何。所以，这一阶段不容忽视，也是成败的关键所在。

有时，由于工作你还必然牺牲一些休闲娱乐及家庭生活的时间。人的时间与精力都是有限的。在有限的时间里，正确合理地做好计划。工作和学习以及休息发生矛盾时，应怎样对待？当时间很少，且十分疲惫时，这就需要你有良好的效率、坚韧不拔的毅力，来努力学习。除了运用在学校所学的专业知识，还应多学习与工作相关的知识。所以要博览群书，在学习中有所收获，有所提高。

人人都有向上进取的决心，在工作中脚踏实地，是干好工作的开始。紧接着在工作和学习中，还需要克服许多困难。这就需要有恒心，而具备这一点的人不多。由于繁忙，有时甚至需要牺牲许多休息时间，因此一些人退却了。成功的阶梯是建立在荆棘上的，与安乐沾不上边。因此要有所成就，必须放弃一些安逸的生活。

人都有惰性。能好好睡上一觉之后再做决定的话，大概有90%的人会先去睡一觉。正因如此，一些该查阅的资料，常常东拖西拖，就拖到来不及查了，这种经历大概每个人都有过。因此，如何克服这种惰性，就显得很关键了。如果连自己都战胜不了，就难以战胜困难。

有时人们有"等明天"的思想，实际上一切只有从现在做起，从我做起，事业才有希望，理想才有基础。因为明天你做得再早，对今天来说都是晚的，所以请抓住今天。

为了不误事，不妨试试以下的方法：

1.决定当日必须完成之事，并记录下来。

2.分清事情的轻重缓急，列出优先顺序。

3.特别棘手的工作放在第一位。

4.不要把自己生活上的问题当作借口，例如因为父母、朋友、太太、小孩等影响正事。

5.如果对你来说，遇到难题时没有商量的对象，那么你就要相信自己，仔细分析事情的原委，从中找出解决问题的突破口。相信自己就一定能找出解决问题的方法。

毅力坚强的人，最易得到别人的赞赏与敬佩。

某公司常利用休息日动员职员参加爬山运动，来锻炼员工的身体。年轻的职员，当然踊跃报名参加。但中年及中年以上年龄段的职员，多数已对此不感兴趣，而老李却毅然决定参加了。因为年龄、体力的关系，老李自然落在年轻人的后面。在年轻人当中，有的早已捷足先登，有的却在中途就折回去了。但老李还是努力向上爬，虽然累得汗流浃背，气喘如牛，却始终坚持着，终于爬到了山顶。老板看到了这种场景，非常赞赏老李的毅力。有一天，亲自到老李家去访问他，闲谈之中，更觉老李的品格令人钦佩，遂选他担任其秘书；老李办事也如他的爬山精神一样百折不挠，工作业绩自然也就胜人一筹了。

一个人的毅力，有的时候是在挫折中锻炼出来的。经过许多风浪的锻炼，不仅能提高人的吃苦耐劳精神，同时也会使人变得有毅力。正所谓，苦难也是一笔财富。所以，年轻的时候多吃苦是有好处的。现在的生活水平不断提高，人们的日子越过越好，想吃苦都不太容易。但可以参加些锻炼毅力的活动，如爬山、野外生存训练等活动。多经受些风浪，对人的成长是很有好处的。

真正正确的方向是没有勉强的。对自己没有勉强，对他人没有勉强，虽然偶尔会有不顺畅的现象出现，但为期不会长久。那种遇到挫折就退缩，甚至转向反方向的人，虽然精明，但终究碌碌无为，难成大事。

一个优秀的人必然是能够自觉地自我完善的人。

因为自我完善是人发展的最持久也最强大的动力。

正是由于能够自我完善，人才会不断地迎接挑战，寻找甚至创造一种冒险体验机会。

威廉·怀拉是美国一位享有盛名的职业棒球明星，40岁时因体力不支告别体坛另谋出路。他琢磨着，凭自己的知名度去保险公司应聘推销员不会有什么问题，可结果却出乎意料。人事部经理拒绝道："吃保险这碗饭必须笑容可掬，您做不到，无法录用。"

面对冷遇，怀拉的热情未受丝毫影响，他下决心像当年初涉棒球场那样从头开始苦练笑脸。他天天要在客厅里放开声音笑上几百次，因此邻居产生误解：失业对他刺激太大，以致怀拉神经了。为此，怀拉只好把自己关进厕所练习。

过了一个月，怀拉跑去见经理，当场展开笑脸。然而得到的却是冷冰冰的回答："不行！笑得不够。"

怀拉没有失望，他到处搜集有迷人笑脸的名人照片，然后贴在居室的墙壁上，随时揣摩。他还购置了一面与自己身体一样高的镜子，摆在厕所里，以更好地修正自己的笑容。

一段时间过后，怀拉又来到经理办公室，露出了笑容。"有进步，但吸引力不大。"经理说。怀拉生来就有一种犟脾气，回到家继续苦练。

一次，他在路上遇见一个熟人，非常自然地笑着打招呼。对方惊叹道："怀拉先生，一段时日不见，您的变化真大，和以前判若两人了！"

听完熟人的话，怀拉充满信心再去拜见经理，他笑得很开心。"您的笑有点意思了。"经理说，"但还不是真正发自内心的那一种。"

怀拉毫不气馁，再接再厉，最后终于被保险公司录用。他感慨道："人是可以自我完善的，关键在于你有没有热情。"

不必问前途困难有多少，只要问你是否有毅力能持之以恒。"书山有路勤为径，学海无涯苦作舟"这句名言不知鼓励了多少人，也使他们走向了成功。人们在锻炼中成长，在学习中进步。在学习和生活的过程中，人们把从书本上学到的知识加以验证。同时，也学到了许多书本上没有的社会知识。这对一个人的阅历来说是大有好处的。因为太简单，所以大多数人摒弃成功的法则——执着。

一个农场主在巡视谷仓时不慎将自己名贵的金表遗失在谷仓里，寻找很久也没有找到，无奈之下，便在农场门口贴了一张告示，悬赏100美元，要人帮他寻找。人们面对重赏的诱惑，都开始卖力地四处翻找，无奈谷仓内谷料成山，还有成捆成捆的稻草，要想在其中寻找一块金表如同大海捞针。

一直忙到太阳落山的时候也没能找到金表，人们开始相互抱怨着，逐渐放弃了。只有一个穿破衣的小孩在众人离开之后仍不死心，努力寻找着。

天越来越黑，小孩仍在坚持着。突然他听到了奇特的"嘀嗒、嘀嗒"的声音不停地响着，那是只有一切喧闹都消失以后才能听得到的声音。小孩顿时停下寻找，谷仓内更加安静，嘀嗒声更加清晰，循着那清脆的声音，他找到了金表，最终得到了100

美元的奖励。

成功的法则其实很简单，但真正成功的人却很少，就是因为大多数人认为这些法则太简单了，不屑去做。其实，这个法则叫执着。成功如同谷仓内的金表，早已存在于周围，也散布于人生的每个角落，如果想听到那清晰的嘀嗒声，就一定要执着地去寻找。

一位老人是近年才开始学习烧制瓦罐器皿的。他大步走到窑前，眉都没皱一下，便抡起一根铁棍，"咣咣咣"，将一大排刚刚出窑的形状各异、大大小小的瓦罐全都打碎。一个年轻人不解地走上前去，问老人为何将它们全都打碎。

老人不紧不慢地说："火候没掌握好，都有一点儿小毛病。"

年轻人惋惜道："可是你已经花费了许多心血啊！"

老人长吁了一口气道："那不假，可我相信下一炉会烧得更好些。"老人坚定的口气里，透着十二分的自信。

老人又坐在霏霏的雨丝中，再次从头开始，认真地、一点一点地做起泥坯。他那坚决推倒重来，成功在握的从容自若，深深地打动了年轻人。是啊，即使所有瓦罐都打碎了也没有关系，只要心中执着的信心不被打碎，他就不愁做不出满意的瓦罐。

默默地，他朝老人深鞠一躬，转身跑回家中，背起简单的行囊，毅然地加入南下的打工队伍中。在一次次焦灼的等待和一次次令他失望的重击后，他终于谋到了一份艰辛的工作，在一个建筑工地当小工。数年后，他拥有了一家尚具规模的公司。

百折不挠是成功者必备的精神因素。

谁也想不到，全球著名演讲家卡耐基在少年的时候，曾有一段口吃的经历。少年卡耐基由于舌拙口笨，被同学们嘲笑是"小结巴"，他感到非常自卑。这个时候，他的母亲明白自己儿子的苦恼，于是她给小卡耐基想出了一个好办法。她让小卡耐基口中含两块小的卵石，然后对着镜子高声朗读演讲稿，读了几遍后，才将卵石取出来，再朗读。如此反复几次，小卡耐基果然发现舌头轻松多了，他开心地想："只要按照这种方法训练，我一定会成功的。"

于是，小卡耐基开始坚持不懈地练习，有的时候，石头甚至把他的牙龈和舌头都磨破了，他还是不肯休息。终于在半年后，卡耐基就可以流利地背诵很多演讲名篇，与父母说话也畅快多了。他自信地报名参加演讲比赛，但由于缺乏大赛实战经验，紧张导致发挥不好，以失败而告终。在那之后的很长一段时间里，他心情一直很压抑，对演讲再也提不起兴趣来。但是在父母的激励下，他终于又振作了起来。

因为他的坚持，最后终于成了一代演讲大师。与此同时，他的著作《卡耐基成功之道》也被翻译成多国文字，畅销全球。

古希腊大哲学家苏格拉底开设了一个学堂，在开学的第一天，他就对学生们说："在开学的第一天，我什么也不教你们，只教你们做一件最简单也最容易做的事儿，每人把胳膊尽量往前甩，然后再尽量往后甩。"说完，大哲学家就亲自示范做了一遍："现在我建议，从今天开始你们每天做300下。大家能做到吗？"

"能！"学生们都笑着回答说。大家都认为这件事实在太简单了，有什么做不到的？

过了一个月，苏格拉底问学生们："每天甩手300下，哪些同学坚持了？"有90%的同学骄傲地举起了手。

又过了一个月，苏格拉底又问这个问题。这回，坚持下来的学生只剩下80%。

一年过后，苏格拉底再一次问大家："请告诉我，我们第一天学会的最简单的甩手运动，还有哪几位同学在坚持做？"

这时，整个教室里顿时鸦雀无声，只有一个瘦小的学生举起了手，这个学生就是另一位古希腊大哲学家柏拉图。

无论做什么，首先应该具备的是持久的恒心。

"精诚所至，金石为开。"所谓精诚，就是钢铁般的意志；开的金石就是发挥你的潜能和潜力的结果。每个人成就有大有小，这种区别，与其说是因为才能有高低，不如说是意志有强弱之差。能够多发挥自己的潜能叫作才能高，而发挥潜能的较少的叫作才能低。要发挥潜能，必须靠钢铁般的意志，而要将意志锻炼成钢的工具，就是社会给你的磨难。如何面对磨难以及面对磨难的态度，决定你的未来。强者勇往直前地直视困难，而弱者却畏缩地躲避困难。

社会洪炉的火焰在今天燃烧得更加猛烈，意志薄弱的人，难免会望而生畏。初入社会总是朝气蓬勃，像是一只初生之犊什么都不怕。一旦遇到了磨难，便又觉得自己弱不能胜强、寡不能敌众，而甘心落后、自怨自艾。他根本不知道意志还必须经过磨难的锻炼，需要心理健康，始终保持一种上进的心态。磨难只是增强意志的工具，而绝不会是摧毁意志的元凶。多遭磨难应该感到庆幸，磨难不仅可以锻炼人的钢铁般的意志，而且可以发掘人的无限潜力，建立超过常人万倍的事业。英雄的字典中无"难"字，成功终是属于你的。所以，遇到困难请不要退缩，请让你发怵的双脚再向前迈一步，你就会看见广阔的蓝天。

消沉和失败只属于本能创造自己人生的弱者，昂扬和胜利才是为积极挑战命运的勇者准备的封赏。闻道有先后，术业有专攻。只有扬长避短、坚持到底，才能走向成功。

有一个郑国人想学一门手艺，但是不知道学什么好。他想到雨伞人人都要用，便去做雨伞。

3年后，手艺学成了，师傅送给他一整套做伞的工具，让他自谋生计。可是正好遇上大旱灾，连个问伞价的人都没有。这人一气之下，把工具全扔了。

后来，他看卖水车生意兴旺，便改行去学做水车。3年学成，谁知又遇上连续大雨天，河水暴涨，水车没有人要。他只好重新购置做伞的工具。可是待他将工具准备齐全，天又放晴了。

不久以后，郑国开始闹盗贼，家家要做防卫武器，这个郑国人又想去学铸铁的技术。可是岁月毕竟不饶人，他已拿不动大锤，剩下的只有唉声叹气了！

琼是美国《今宵有约》第一位终生特邀嘉宾女主持人。她曾经一直想从事演艺事业，可人们都告诉她那是不可能的。

1958年，她找到了第一份工作。那是波士顿的一家演艺酒吧，一个非常脏乱的地方，但她却不在乎。可是，在第一场演出结束后，经理就把琼叫到跟前，对她说："嘿，你被解雇了。"琼非常恼火，这也让她悲伤地哭泣。在人来人往的大街上，她感到无助和迷惘，但她决定不放弃。琼又做了很多演艺方面的尝试，几乎所有人都对她说不可能。她妈妈对她说："你没有任何天赋，你这样做是在浪费生命。"一个非常走红的戏团代理人告诉她："如果你想从事这个职业，就应该早些开始，现在你的年纪太大了。"节目策划人对她说："我们认为你不适合做电视节目。"他们这些说法似乎是真的，但琼依然没有放弃。

31年的时间里，琼一直听着人们对她说不，不过她还是胜利了。因为琼相信自己那永远的财富——不可阻止的驱动力，永不灰心，永不放弃。

（二）勤奋学习 不断充电

也许你的工作很忙，也许你有百般的借口来搪塞学习。但是不能否认人们所知道的太少，这就需要不断学习，抓紧一切机会、一切时间充电，要利用有限的时间来学习无限的知识。

无所事事是对生命的最大浪费，很多未知的空间等待你去开拓，只有不停地学习和奉献才能真正体现生命的价值。

世界著名的女作家海伦·凯勒身残志坚，受到了世人的尊敬。一次，她在一所大学演讲时，有一个学生站起来问她："一个人如何才能获得最大的快乐？"

凯勒回答说："忘我！"

那个学生又问："一个人可能遭遇到的最大的悲哀是什么？"

凯勒回答说："是有眼睛而仍然看不见！但我相信世界上大多数的人，对于生命的真谛都茫无所知，而生命的快乐应该是基于对生命的认识……我仍然是一个正常的人，在孤寂中，我有兴趣读书和深思，对于我，黑暗和孤寂早已不复存在。"

忘我，生命的真谛。海伦·凯勒告诉大家：除了自己的小小天地，还有更广阔的天空。

生活中要有知足常乐的心态，治学上要有孜孜不倦、学海无涯的毅力。

王羲之自7岁跟书法家卫夫人习字，不到3年的时间，就显现出了才华，方圆百里的人都知道他是个少年才子。在一片赞扬声中，10岁的王羲之有些飘飘然了。

一天，他到集市上去玩，看见一家饺子铺生意特别兴隆。美中不足的是那招牌，"鸭儿饺子铺"却写得十分呆板，毫无功力，他便去找铺主。

铺主是一个白发老太太，正在包饺子。只见她包好一个饺子，随手抛过矮墙，看也不看，那饺子却不偏不倚地正好落在锅中。

王羲之不由暗暗称奇，忍不住问道："老人家，您这么深的功夫，多长时间才能练成？"老太太说："熟练50载，深练需一生。"这句话触动了王羲之，他接着又问："您手艺如此高超，可招牌为何不请名家高手写呢？"老太太不高兴地说："名人不好请啊！就说那个刚露脸的王羲之吧，小小年纪还不经事，就已经让人捧得长翅膀了。说实话，他写字的功夫，真不如我扔饺子的功夫深呢！你可别学他。"

王羲之脸红得不得了，索性向老太太表明了身份，并承认了自己的缺点。为了补过，他马上提笔为"鸭儿饺子铺"写了横匾，同时又写下了一副门联："经此过不去，知味且常来。"

匡衡小时候，家穷买不起书，只好借书来读。那个时候，书是非常贵重的，有书的人不肯轻易借给别人。所以匡衡就在农忙的时节给有钱的人家打短工，不要工钱，只求人家借书给他看。

过了几年，匡衡长大了，成了家里的主要劳动力。他一天到晚在地里干活，只有中午歇晌的时候，才有工夫看一点书，所以一卷书常常要十天半个月才能够读完。匡衡很着急，心里想：白天种庄稼，没有时间看书，我可以多利用一些晚上的时间来看书。可是匡衡家里很穷，买不起点灯的油，怎么办呢？

有一天晚上，匡衡躺在床上背诵白天读过的书。背着背着，突然看到东边的墙壁上透过来一线亮光。他一下子站起来，走到墙壁边一看。啊！原来从墙壁缝里透过来的是邻居家的灯光。于是，匡衡想了一个办法：他拿了一把小刀，把墙缝挖大了一些。这样，透过来的光亮也大了。他就凑着透进来的灯光，读起书来。

匡衡就是这样刻苦地学习，后来成了一个很有学问的人。

僧人智永，本姓王，名法极，是晋代书法大家王羲之的第七世孙。

他早年出家当和尚，后来云游到浙江省吴兴县善琏镇，就在永欣寺里住了整整30年。在这里，智永深居简出，每天雄鸡报晓即起床，磨上一大盘墨，然后临摹王羲之的字帖，从不间断。

僧智永还在屋内备了数只容量为一石多的大竹簏。练字时笔头写秃了，就取下丢进竹簏里。日子久了，破笔头竟积了五竹簏。后来，智永便在永欣寺窗前的空地挖了一个深坑，把所有破笔头都埋在土里，砌成坟冢，称之为——退笔冢。后人讲"退笔成家"的典故就是从这儿来的。

最后，智永的书法形成了自己的风格，成了我国著名的书法家。当时求他写字和题匾的人络绎不绝，以致寺内的木门槛也被踏破，不得不用铁皮把它裹起来。

他晚年时就曾以当时的识字课《千字文》为内容，用真、草两体写了一千多本，从中挑选最满意的800本，分送给浙东的各个寺院。直到如今，僧智永的《千字文》墨迹和刻本还被视为学习书法的范本。

创造的灵感源自日常生活中的"走火入魔"，烈火浇铸的成果是人生最难能可贵的快乐。

德国法兰克福的钳工汉斯·季默，从小迷恋音乐。但家里穷，买不起昂贵的钢琴。所以他就自己用纸板制作模拟黑白键盘，在练习贝多芬的《命运交响曲》时竟把十指磨出了老茧。后来，他终于用作曲挣来的稿费买了架"老爷"钢琴。有了钢琴的他如虎添翼，终于成为好莱坞电影音乐的主创人员。

他在作曲时经常达到"走火入魔"的状态，时常会忘了与恋人的约会，许多女孩子都说他是"音乐白痴"或"神经病"。

结婚以后，他帮妻子蒸的饭经常变成"红烧大米"。有一次他煮面，一边煮一边用粉笔在地板上写曲子，早就忘了煮面的事，结果一锅面全都煮成了糊。妻子对他却很客气，不急不怒，只是罚他把糊全部喝掉，如果剩一口就离婚。

他不论走路或乘地铁，总忘不了在本子上记下想到的曲子，当作创作新曲的素材。有时他从梦中醒来，打着手电筒写曲子。

汉斯·季默在第六十七届奥斯卡颁奖典礼上，以闻名世界的动画片《狮子王》的配乐荣获最佳音乐奖。那天，正好是他37岁的生日。

世上没有绝望的处境，只有对处境绝望的人。在任何特定的环境中，人们还有最后的一种自由，就是选择自己的态度。

两个人一起去旅行，他们一个叫阿呆，一个叫阿土。

有一天他们来到海边，看到海中有一个岛。夜里他们睡着了，阿土做了一个梦，梦见对岸的岛上住了一位大富翁，在富翁的院子里有一株白茶花，白茶花下面埋着一坛黄金，然后阿土就醒了。

第二天，阿土把梦告诉阿呆，叹一口气说："可惜只是个梦。"

阿呆听了却说："可不可以把你的梦卖给我？"阿土就把梦卖给了阿呆。

阿呆买到梦以后就向那个岛出发，而阿土卖了梦就回家了。

到了岛上，阿呆发现这里果然住了一个大富翁，富翁的院子里果然种了许多茶树。他高兴极了，就留下做了富翁的用人，等待院子里的茶花开。第二年春天，茶花开了，却都是红色的。

许多年过去了，又一个春天来临，院子里终于有一棵茶树开出了白茶花。阿呆在白茶花的树根下，果然掘出一坛黄金。第二天他便辞工回故乡，成为故乡最富有的人。而那个亲手卖了梦的阿土还是个穷光蛋。

有很多梦看似是遥不可及的，但只要坚持，就可能实现。

如果想在整个组织中凸显自己，成为引人注目的焦点，没有过硬的本领做基础是不可能的。这就需要通过不断的学习来充实自己，不仅做业务上的通才，还要做各方面的全才。所以，平时要不断地积累，多读书，读好书。抓紧一切时间来弥补自己的不足之处。在完善自己的专业知识之外还要学习别的生活经验和技能。正所谓"活到老，学到老"。

1.行之而不著焉，习矣而不察焉

有的人还不明白经验的真正价值，以为工作经验是片段的心得，没有需要学习的东西。却不知道要解决实际问题，只靠学习的少，用经验的多。学习是富有一般性的，它是解决问题的工具。可只有工具，没有实际经验，也是不行的。因为，只是枯燥的学习，解决不了实际问题。实际问题是富有特殊性的，是变化的，只能用有特殊性的经验来解决。凭借经验来解决问题，往往深中肯綮；举手投足之间，问题就能迎刃而解。因此，有人误认为这不是问题，至少不是严重的问题。谁知解决不得当的时候，它的严重性便出现了。"如大于其细，摧强于其脆。"这是用经验来解决问题的妙处。

下面说个小的例子：

某公司，一年之中，员工都有临时借薪的现象，这事已成惯例，不能避免。每次借薪数目都是有增无减，而增加标准的多少，往往就成为劳资双方争执的焦点。双方争执的原因，主要是劳方认为数目太少，于是另外提出新的办法来折中。依资方所主张，用扣还办法，由按月份扣改为下次发薪时一次整扣。乍看起来似乎可行，可略加考虑，便知道其中隐藏了新纠纷的祸根。到期借新债扣旧欠，而所借的数额没有加，一无所有，此时劳方能甘心？如果借数增加一倍，扣去旧欠，所借又与上次相同，然而物价或许已经上涨，又岂能是劳方所愿意的？资方苦于负担太重，而劳方则觉得借薪太少，新纠纷的发生在所难免。有经验者应付整扣借薪的要求，必能想到这一点而详加开导，则不难释然。而由缺少经验的人来处理，便很容易铸成错误，种下新纠纷的祸根。此事虽小，可从中所获得的经验却十分可贵，这是显而易见的。

上述例子是人事财物处理的问题，当然要利用经验。因为这是个实际问题，需要具体问题具体分析。至于纯技术问题，经验的重要性，便不那么高了。这也是不同职业的不同需要，主要看哪一点更重要了。只有经验没有学历的技工，对于机械，只能知其然而不能知其所以然。那些有经验也有学历的技师，才能知其然而又知其所以然。古人说："行之而不著焉，习矣而不察焉，终身由之而不知其道。"就是这个道理。

2.能力是桥梁

丰富的知识才是人生真正的宝贵财富。

从前有一个很自以为是且很富有的银行老板，他看不起读书人，认为读书是世界上最无聊的事情。

有一次，他和一个有文化的人打赌。赌的是如果那个文化人能住在一个屋子里十五年，不和任何人交往，只读书，老板就输给读书人两百万美元。

那个文化人毫不犹豫地答应了，于是一场为期十五年的赌赛开始了。银行老板遵守他的诺言，每天都很准时的派人给那个人送书送饭，起初这个人只要娱乐性的书，后来他开始读历史、传记和自然科学，再后来，他的阅读总是交叉进行的。

很快，15年的时间就这样过去了。银行家却在这时意外地破产了，他准备杀掉那个人好逃掉那两百万元的债务。但当他踏进那座房子的时候却发现那个人早就走了。

那个人留下了一张纸条，纸条上说：这十五年的读书生活已经给了我无比的财富，我根本不需要那些钱了。银行家到这一刻才明白，这十五年自己输掉的究竟是什么！

空空如也的肚囊永远支撑不了偌大的身躯。

仓库里有一堆袋子。有些装满了粮食，有些是空的。眼看着周围的伙伴们都鼓鼓囊囊地站着，自己却瘪着肚子躺在地上，空袋子心里羡慕极了。

"我也想要站起来！"空袋子深深吸了一口气，用力往上蹦，一边蹦还一边问同伴："嘿！大家快看啊，我有没有站起来？"

"没有！"袋子们异口同声地回答。

"那现在呢？"空袋子又用力鼓了一口气，用比刚才更大的力气往上一蹿。

"还没有呢！"袋子们喊道。

"那么，这回呢？你们再仔细看看，这回总站起来了吧？"空袋子用足狠劲往上蹿。

"没有，没有，你根本就只是在蹦来蹦去，没有站起来啊！"

"到底怎么搞的？"空袋子精疲力竭地瘫在地上，叹道，"为什么你们不用花一点力气，就都稳稳当当地站着，而我费尽力气却还是站不起来呢？"

其他的袋子看到他这样抱怨，都笑了起来，说道："那是因为你肚子里空空的！你自己只想着花尽力气蹦，却不愿在肚子里装满实货，是怎样也站不起来的啊！"

空袋子听了，恍然大悟。

提高能力是一项长期计划。早先，人们曾把建立事业比喻为园艺，这是需要几年辛勤工作才会有成果的，一曝十寒不会有什么收获。只有不断地积累，辛勤地浇灌，才能经营出美丽的花园。时时提升品质、保持良好状态是必要的。

此外，能让你获得新能力的重大决定也是十分重要的。人生有无数个岔道口，做出怎样的选择尤为关键。在做出决定时，犹豫不决或不敢决定，都是很可怕的。因为时机是相当重要的，这种东西是过期不候的。机遇从来都不等人，它只青睐有准备的人。

在关键性的事业变动时，新能力的获得特别重要。因为世间万物都是不断变化发展的，是不断更新的。用旧思想去解决新问题，也是行不通的。这违背了哲学中辩证唯物的观点。所以，要紧跟时代步伐，多学习、多动脑，这样才能有所成就。人们有时候会发现，目前的职位和向往的职位之间，有着不能跨越的鸿沟。如果发生这种事，当事人必须去找联结的桥梁，也就是常说的过渡。倘若没有跨越这道鸿沟的道路，这位当事人便注定要沿着边缘另辟他路。能力就是桥梁，它能让人们到想去的地方。

有一个四十多岁的家庭主妇，为减轻家庭负担，想到外面找工作。可没有技术别人不愿聘用她，她发现打字员这一职业挺好，收入还不错，便想学习这种技能。当时，她的家人都认为这是件不太可能的事。因为，她以前从来都没有碰过电脑，要想有像年轻人一样的打字速度，是件多么困难的事呀。可这位家庭主妇无论如何也要试一试。她凭借自己的毅力，天天练习到深夜。两年以后，终于具备了打字员的能力，并被一家公司聘用了。

这位家庭主妇的刻苦精神值得学习，她没有因为年龄大了，就不再学习新的知识。也不因别人不看好就放弃，一旦有了目标就为之奋斗。拥有这种精神怎能不成功呢？作为青年人更应该不断学习知识，开阔眼界，丰富自己。这样才能逐步走上成功之路。

任何一项事业都需要发展新能力，这些能力关系着成人可预料的转折点。

在遭遇每一个生命转折点之际，当事人都面临新的困难和机会，而这些困难和机会与自己以前经历的任何事都不相似。每一个转折点，都代表个人发展的一次挑战，所以预先替未来的转折点做好准备是件要紧的事。也就是说，我们必须终生不断学习发展。改变也许每10年一次，而且是无法逃避的。虽然有的人可能忽略或有意避免下一个转折点，但是生物年龄的逻辑和事业焦点的意外变化却是无情的。所以，该来的总会来，是避不开的。与其一味地逃避退缩，不如勇敢地面对，做出正确的选择。这才是当务之急，才是明智之举。

人在事业中必须获得的新能力，它的范围和性质，随性别、职业、社会阶层及社会变动而异。譬如，妇女可能从工作岗位退回家庭，其后可能又再返回工作。但由于各种原因，可能要从事新的工作，是以前所未做过的。所以，很少有人真的能逃避获取新能力。如有些人在18岁时当球场管理员，到70岁时也还是这个老职业吗？这是不现实的。作为社会的一分子，需要尊重客观事实、也要尊重社会发展规律。面对这个不断进步的社会，不能松懈，应不断学习新的知识，否则就会被远远地落在时代的后面。

3.充实能力有技巧

看似平淡无奇的生活，却时时处处蕴藏危机。养兵千日，用兵一时，只有时刻准备着，才不会陷入绝地。工作如此，人生亦是如此。工欲善其事，必先利其器。

有一天晚上，爱因斯坦不经意地走进他的实验室，竟看见一个研究生仍在实验台前辛勤地工作着。

爱因斯坦关心地问："这么晚了，你在做什么？"

学生答："我在工作。"

"那你白天做什么了？"爱因斯坦继续问。

"我也在工作。"研究生很恭谨地回答。

"那么你整天都在工作吗？"爱因斯坦有点不满意了。

"是的，教授。"学生带着谦恭的表情承认了，并期待着这位著名学者的赞许。

爱因斯坦稍稍想了一下，随即问道："可是，这样一来，我很好奇，你用什么时间来思考呢？"

台下十年功，台上一分钟。永远不要羡慕那些看似幸福的人，因为你不知道成功背后付出的代价。

在很久很久以前，中国有一个皇帝非常喜欢公鸡。

有一天，他召令当时国内最有名的画家来为他画一只公鸡。画家说他需要3年时间，皇帝恩准了。

3年期满，皇帝立即召见画家，但见他两手空空，便急切地问："我的雄鸡图呢？"

画家不慌不忙，当场展纸挥毫，只见一阵笔飞墨舞，一只栩栩如生的大公鸡便跃然纸上，前后不到3分钟。

皇帝见状，不禁勃然大怒："你这不是欺君罔上吗？你总共只用3分钟，却让朕等你3年。"

画家说："您先息雷霆之怒，请随我来看。"画家领皇帝来到一间大屋子前，推门一看，屋里堆满了画满公鸡的废纸。

于是画家对皇帝说："这，就是我3年来的功夫啊！"

3分钟与3年，并不是毫无联系的时间概念。

在肖强的案头上，所有办公用品都起码有两盒以上。这都源于一盒订书钉……

肖强是名牌大学的毕业生，以优异的成绩考入一家省级机关。上班以后才发现，每日无非是些琐碎事务，这是他始料不及的，便不知不觉消极了起来。

一次系统要召开大会，处里彻夜准备文件，分配给他的工作是装订和封套。处长反复叮嘱："一定要做好准备，别到时措手不及。"他听了根本没理会。同事们忙忙碌碌，他也懒得帮忙，只在旁边看报纸。

文件终于完成，交到他手里。他开始一件件装订，没想到只订了十几份，订书钉用完了。他到处翻箱倒柜竟然一个都找不到。此时已是深夜11:30，而文件必须在明早八点大会召开之前发到代表手中。处长咆哮："不是叫你做好准备的吗？连这点小事也做不好！"他无言以对，脸上像挨了一巴掌般滚烫。

几经周折才在凌晨四点找到一家通宵服务的商务中心协助，他终于将文件整齐漂亮地发到代表手中。没人知道，他一夜无眠。

做好每件事情之前都要有一个充分的准备工作，有一个详细的计划，这样才能达到事半功倍的效果。学习也是如此，不能盲目。

要想提高自己的能力，不能太盲目，只是一味地学习并不是一种明智的方法，要因目标不同而具体学习。这就好比一个人，如果只是漫无目的地走，很容易迷路。如果有了方向就不一样了，目标明确，也就有了动力，从而会有事半功倍的效果。

能力的获取帮助你的未来发展，以适应实际需要。但是，并非所有能力都同样有助于优异表现。在有限的时间里，应做出怎样的选择呢？这就要依据自己的实际问题来做出决定了。当事者的首要任务，在于集中全力以获得自己最需要的那种能力。提高这方面的能力，那才是与杰出表现直接相关的事。

没有一种能力可以适用于任何职业，因此，各种职业的人必须自己辨别哪些是必要的能力以及哪些是通过努力学习足以使自己表现出众的能力。凭借传统智慧去区分那些事业成功的人士，不是聪明的做法。我们只能根据有关技术、知识、态度和自我观念等因素去界定，同时需要不断地观察，去辨识自己所应具备的能力。

事业转折点，不仅仅意味需要获取新能力。若只如此，必定会漏掉一些重要的部分。譬如，一位成功的推销员可能精力充沛、具有很好语言表达能力也善于交际。但如果是一位销售经理，却需要另一套完全不同的能力，才能表现得好。事实上，有些低级职位所必要的能力对高级职位并非有用，这时就需要拒绝学习。如果一个人不会选择、不懂放弃，那么他同样很难成功。所谓发展，就是在获得新能力的同时，放弃一些不适用的能力。一般说来，低级职位通常比较偏重于个人，而以结果为取向；但高级职位则需要比较多的团体技巧、协调及决策能力。凡具有升职野心的事业家，都要像蝴蝶一样，经过几个蜕变阶段。因此，这个过程虽然是艰难的，可成果却是巨大的。

这一步要怎么做呢？一些人对于个人发展技巧，做出了以下的建议：

·明确你的下一个事业目标。

·把此刻正担任着你所渴望扮演之角色的人物列出来。

·按表现"成功"和"不成功"将他们分类（尽可能客观，但不需要把结果告诉他们）。

·分别去认识表现成功和表现不成功的人。

·找出他们实际做了什么。

·弄清哪种做法有助于成功。把这种做法的特点写下来，不要立刻下结论。

·比较"最好"和"最差"的做法，找出它们的差别在哪里。

·在工作机构之外，观察你所崇拜的成功的角色，以确定你的结论。

·参考教科书、自传等，以便获得不同的看法。

·把能够优异地表现你所崇拜的角色必须具备的能力详细写

出来。

· 把所需的能力和你目前的能力做个比较，并为填补这道鸿沟而拟订行动计划。

能力分析的关键在于对已扮演该角色的人士做不带偏见的研究。

4.贵在坚持

有一个晚上，古希腊哲学家泰勒斯见星空晴朗，便在草地上观察星星。他一边仰头看着天空，一边慢慢地走着。不料前面有个深坑，一脚踩空，人便像石头般掉了下去。待他明白过来，身子已泡在水里了，水虽只淹及胸部，离路面却有二三米，他上不去，只能高呼救命。泰勒斯被路人救出了水坑，他抚摸着摔痛了的身体，对那路人说："明天会下雨！"那路人笑着摇摇头走了，并将泰勒斯的预言当作笑话讲给别人听。但第二天，果真下了雨，人们对泰勒斯十分钦佩。有的人却不以为然，他们说："泰勒斯知道天上的事情，却看不见脚下的东西。"

2000年后，德国的哲学家黑格尔听到了泰勒斯这个故事，说了一句名言："只有那些永远躺在坑底从不仰望天空的人，才不会掉进坑里。"

任何事物只要探索，就会遇到危险或损害；成功的阶梯在于"痴迷"，也就是坚持，时间久了也就成了习惯。然而正是习惯能给你带来成功，是一切成功的基础。

王羲之自幼酷爱书法，几十年间锲而不舍地刻苦练习，终于使他的书法艺术达到了超逸绝伦的高峰，被人们誉为"书圣"。这和他的坚持与痴迷是分不开的。王羲之13岁那年，偶然发现他父亲藏有一本《说笔》的书法书，便偷来阅读。他父亲担心他年幼不能保密家传，答应待他长大之后再传授。没料到，王羲之竟跪下请求父亲允许他现在阅读，他父亲很受感动，最终答应了他的要求。

王羲之练习书法很刻苦，甚至连吃饭、走路的时间都不放过，真是到了无时无刻在练习的地步。没有纸笔，他就在身上划写，久而久之，衣服都被划破了。有时练习书法达到忘情的程度。一次，他练字竟忘了吃饭，家人把饭送到书房，他竟不假思索地用馍馍蘸着墨吃起来，还吃得津津有味。当家人发现时，已是满嘴墨汁了。

王羲之常临池书写，就池洗砚，时间长了，池水尽墨，人称"墨池"。现在绍兴兰亭、浙江永嘉西谷山、庐山归宗寺等地都有被称为"墨池"的名胜。

王羲之的书法技艺和刻苦精神很受世人赞许。

传说，王羲之的婚事就是由此而定的。王羲之的叔父王导是东晋的宰相，与当朝太傅郗鉴是好朋友，郗鉴有一位才貌出众的女儿。

一日，郗鉴对王导说，他想在他的儿子和侄儿中为女儿选一位满意的女婿。王导当即表示同意，并同意由郗鉴挑选。王导回到家中将此事告诉了诸位子侄，子侄们久闻郗家小姐德贤貌美，都想娶到她，郗家来人选婿时，诸子侄都忙着更冠易服精心打扮。唯王羲之不问此事，仍躺在东厢房床上专心琢磨书法艺术。郗家来人看过王导诸子侄之后，回去向郗鉴回禀说："王家诸儿郎都不错，只是知道是选婿有些拘谨不自然。只有东厢房那位公子躺在床上毫不介意，只顾用手在席上比画什么。"郗鉴听后，高兴地说："东厢房的那位公子，必定是在书法上颇有成就的王羲之。此子内含不露，潜心学业，正是我中意的女婿。"于是，把女儿嫁给了王羲之。王导的其他子侄十分羡慕，称他为"东床快婿"。从此"东床"也就成了女婿的美称了。

一师傅教两个徒弟酿酒之法：选端午节正午颗粒饱满的米，与冰雪初融的高山流水的水珠调和，注入千年紫砂铸成的陶瓮，密封九九八十一天，直到鸡鸣三遍后方可启封。两个徒弟找齐了所需材料，照做后进行了漫长的等待。终于，第八十一天到了，两人夜不能寐。远远地传来第一声鸡鸣，过了很久，才依稀响起了第二声。第三声鸡鸣到底什么时候才会来呢？很难断定。其中一个徒弟再也忍不住了，他迫不及待地打开陶瓮，里面全是像醋一样酸、中药一样苦的水！他只能失望地把它洒在地上。而另一个徒弟，虽然好奇心像一把野火在他心里燃烧，让他按捺不住想伸手，但他却还是咬着牙，坚持听到了第三遍鸡鸣后才启封。瓮里是甘甜清澈的酒，芳香醉人！只是多等了一遍鸡鸣，结果却大相径庭。

有时候，成功者与失败者之间的区别仅仅在于是否能够坚持到底。而且这个"底"，有时会是一年，有时只是几天，有时仅仅是"一遍鸡鸣"而已。故欲有所创造者，一定要练一练这个坚持的功夫，努力培养自己坚韧不拔的毅力。总之，人生在世，贵在坚持。谁能坚持到底，谁就会取胜。

成功的道路上虽然布满荆棘，但只要付出努力，有坚定的信念和明确的目标，你会发现成功只是简单的问题。在困难面前叹息、埋怨，永远会使你停滞不前。

一个名人到某大学演讲。她走到麦克风前，由左向右扫视一次，眼光对着听众，然后才开口道："我的生母是个聋人，因此没有办法说话；我不知道自己的父亲是谁，也不知道他是否尚在人间。我这辈子找到的第一份工作，是到棉田去做事。"

台下的听众全都呆住了。"如果情况不如人意，我们总可以想办法加以改变。"她继续说，"一个人的未来怎么样，不是因为运气，不是因为环境，也不是因为家庭的状况，"她轻轻地重复方才说过的话，"如果情况不如人意，我们总可以想办法加以改变。""一个人若想改变眼前充满不幸或者无法尽如人意的情况，"她以坚定的语气继续说，"只要回答这个简单的问题：'希望情况变成什么样？'然后全身心投入，采取行动，朝理想目标前进即可。"

她的脸上展现出美丽的笑容，接着说："我的名字叫阿济·泰勒·摩尔顿，今天我以美国财政部部长的身份，站在这里。"

古之立大事者，不唯有超世之才，亦必有坚忍不拔之志。

俄罗斯有一位著名的男低音歌唱家名叫奥多尔·夏里亚宾。他小时候非常喜欢唱歌，慕名来到喀山市的剧院经理处，要求加入合唱队。但是很不幸，他的要求被拒绝了。

奥多尔·夏里亚宾不但没有因为加入合唱队的美梦破灭而气馁，相反还被激起斗志。他辗转来到别处，经过拼搏苦练，终于成为著名的歌唱家。

有一次，奥多尔被邀请到喀山市剧院演出，主持人介绍著名歌唱家奥多尔是第一次光临该剧院时，奥多尔打断主持人的话说道："不，我是第二次。"

"第二次？"主持人很惊奇地问。

"是的，第一次是我慕名前来投考这里的合唱队，被主考官拒绝了。"

听到这样的回答，全场观众发出了一片嘘声。

"我要感谢那位考官和喀山市剧院，正是当时那似乎不幸的经历，让喀山市剧院合唱队少了一名合唱队员，却让世界多了一名著名男低音。"他深情地说。

5.向书本学习 拜前人为师

明白了学习对能力提升作用的同时，还应该有个明确的求教老师。单凭自己的努力来实现既定目标是非常困难的。有时自己进入误区却不知，而别人的指点，会让你有一种柳暗花明的感觉。对于像我们这样的新手，应该多听取别人的建议，使自己不断成长。因此，首先应该对自己加以仔细分析研究，而后再向他人学习自己所不具备的东西，让自己达到比较完美的状态。

毫无疑问，良师本身需要具备特殊能力，如此才能帮助别人去看清事实，认识自己的短处、长处；他应成为一个给予实际的、可贵的、积极的反馈的专家；他应该能帮助当事人用新方式来看待事情或构建新观念并帮助他们重组经验、辨认要点。在良师指引和学习行动双管齐下之后，当事人终能获得新的能力。

有的机构已经建立正式的制度来鼓励这个良师观念的运用。美国有一家公司的做法是，选派人员在国外子公司担任副总裁，负责帮助有潜质的年轻经理。很多大公司都有类似的发展系统。但是，导师人选必须谨慎选派，他们要具有能在"当前"达成高度表现的能力，因为某一阶段获得的经验到了下一阶段，可能会给人错误的指引。

（三）切莫纸上谈兵

自己不明白的一定要弄清楚，莫把理论和实践混为一谈，因为在实践中有很多的理论是涉及不到的。所谓："闻道有先后，术业有专攻。"

公元前262年，秦昭襄王派大将白起进攻韩国，占领了野王（今河南沁阳）。截断了上党郡（治所在今山西长治）和韩都的联系，上党形势危急。上党的韩军将领不愿意投降秦国，打发使者带着地图把上党献给赵国。

赵孝成王（赵惠文王的儿子）派军队接收了上党。过了两年，秦国又派王龁（音hé）围住上党。

赵孝成王听到消息，连忙派廉颇率领二十多万大军去救上党。他们才到长平（今山西高平市西北），上党已经被秦军攻占了。

王龁还想向长平进攻。廉颇连忙守住阵地，叫兵士们修筑堡垒，深挖壕沟，跟远来的秦军对峙，做好了长期抵抗的打算。

王龁几次三番向赵军挑战，廉颇说什么也不跟他们交战。王龁想不出什么法子，只好派人回报秦昭襄王说："廉颇是个富有经验的老将，不轻易出来交战。我军远距离长驻于此就怕粮草接济不上，怎么办好呢？"

秦昭襄王请范雎出主意。范雎说："要打败赵国，必须先叫赵国把廉颇调回去。"

秦昭襄王说:"这哪儿办得到呢?"

范雎说:"让我来想办法。"

过了几天,赵孝成王听到左右纷纷议论说:"秦国就是怕让年轻力强的赵括带兵;廉颇不中用,眼看就快投降啦!"

他们所说的赵括,是赵国名将赵奢的儿子。赵括小时候爱学兵法,谈起用兵的道理来,头头是道,自以为天下无敌,连他父亲也不放在眼里。

赵王听信了左右的议论,立刻把赵括找来,问他能不能打退秦军。赵括说:"要是秦国派白起来,我还得考虑一下。如今来的是王龁,他不过是廉颇的对手。要是换上我,打败他不在话下。"

赵王听了很高兴,就拜赵括为大将,去接替廉颇。

蔺相如对赵王说:"赵括只懂得读父亲的兵书,不会临阵应变,不能派他做大将。"可是赵王对蔺相如的劝告毫不在意。

赵括的母亲也向赵王上了一道奏章,请求赵王别派她儿子去。赵王把她召来,问她什么理由。赵母说:"他父亲临终的时候再三嘱咐我说:'赵括这孩子把用兵打仗看作儿戏似的,谈起兵法来,就目空四海,目中无人。将来大王不用他还好,如果用他为大将的话,只怕赵军断送在他手里。'所以我请求大王千万别让他当大将。"

赵王说:"我已经决定了,你就别管了。"

公元前260年,赵括领兵20万到了长平,请廉颇验过兵符。廉颇办了移交,回邯郸去了。

赵括统率着40万大军,声势十分浩大。他把廉颇规定的一套制度全部废除，下了命令说："秦国再来挑战，必须迎头打回去。敌人打败了，就得追下去，非杀得他们片甲不留。"

那边范雎得到赵括替换廉颇的消息，知道自己的反间计成功，就秘密派白起为上将军，去指挥秦军。白起一到长平，布置好埋伏，故意打了几次败仗。赵括不知是计，拼命追赶。白起把赵军引到预先埋伏好的地区，派出精兵2.5万人，切断赵军的后路；另派5000骑兵，直冲赵军大营，把40万赵军切成两段。赵括这才知道秦军的厉害，只好筑起营垒坚守，等待救兵。秦国又发兵把赵国运送救兵和粮草的道路切断了。

赵括的军队，内无粮草，外无救兵，守了四十多天，兵士都叫苦连天，无心作战。赵括带兵想冲出重围，秦军万箭齐发，把赵括射死了。赵军听到主将被杀，也纷纷扔了武器投降。40万赵军，就在纸上谈兵的主帅赵括手里全军覆没了。

当工作中、生活中遇到什么不明白的地方一定要及时请教，尤其是刚刚毕业的学生，眼高手低，认为自己无所不能，没有什么事情能难倒自己。自信是好的，但是，不要盲目。时常把自己的优点拿出来炫耀的人，人们终会看到他越来越多的缺点；时常改正自己缺点的人，人们终会发现他越来越多的优点。

从前，有两个爱画画的孩子，他们生活在不同的环境里。

第一个孩子的妈妈给儿子一叠纸、一捆笔，还有一面墙。她告诉孩子："你的每一张画都要贴在墙上，给所有来我们家的客人看。"

第二个孩子的妈妈给儿子一叠纸、一捆笔，还有一个纸篓。她告诉他："你的每一张画都要扔在这个纸篓里，无论你自己对它满意还是不满意。"

3年以后，第一个孩子举办了画展，一墙的画，色彩鲜亮，构图完整，人人赞扬。

第二个孩子没法办展览，一纸篓的画，满了就倒掉，所有人都只看到他手头尚未画完的那一张。

30年以后，人们对第一个孩子一墙一墙的展览画已不感兴趣，而第二个孩子的画却横空出世，震惊了画坛。

于是第一个孩子贴在墙上的画被揭了下来，扔进了纸篓。而第二个孩子扔在纸篓里的画被拾了出来，贴在墙上。

不能只埋头工作，这是一种危险的事业策略。在学校的时候，师长不鼓励决断的态度，也认为自我表彰是有害的；但工作上的高成就若没有事业人的自主表现，别人当然无法予以承认。某君在一句话里真切地传达了这一点："要自吹自擂，否则我保证你不会有任何机会。"虽然所说的有些夸张，但从某种程度上，说明了自我推销的重要。

做事情要认真而严谨，考虑全面，因为一个小小的失误都会使你全盘皆输。

"陛下，您设计的这艘军舰将是一艘威力无比、坚固异常和十分美丽的军舰，称得起空前绝后。它能提到前所未有的高速度，它的武器装备将是世上最强的，它的桅杆将是世上最高的。您设计的舰内设备，将使包括舰长到见习水手的全部成员都感到舒适无比。您这艘辉煌的战舰，看来只有一个缺点。那就是只要它一下水，就会立刻沉入海底，如同一只铅铸的鸭子。"这是造船家给威廉二世的回信。

当时德皇威廉二世设计了一艘军舰。他在设计书上写道："这是我经过长期思考和精细研究的结果。"并请国际上著名的造船家对此设计做出鉴定。

没想到让他得意的作品过了几天后被造船家退回来了，而且还附带着上面的信。

正在拓展事业的人，他们很难推销自己的能力。就如前面提到的，自我推销是一把双刃刀。也好比煎蛋卷，不可煎得过火也不能煎得不足。这就需要一个度的问题，当然这个标准很难掌握。通过阅历的不断增加，自然会有所进步。对自己推销不足的人，很容易错失机会。因为，在短时间内，别人无法了解你。如果你不把亮点拿给别人看，是不能吸引人的。如果连机会都把握不了，如何证明自己有实力。但过度自我推销的人，则会被看成满口空话的自大者。如果不切实际地夸夸其谈，会给人一种不信任感。因此，华而不实的人，是不能得到别人的认可的。

知道了推销自己的重要性并且掌握一些技巧，就要试着推销自己。此时，最重要的是要把握时机。推销自己是今天的工作，要抓住机会，也要懂得技巧。一举一动都包括在内，即使是非语言的微妙表现，譬如心理态度、音色、眼神接触等，都是很重要的。但是，并不主张只把自己塑造成一个理想的完美人物，正如某女士所说的："自我认识最重要的是要对自己有信心，但是也要知道哪一部分可以表现。"

很多忍受着严苛工作的职场人，都谈到自我表现的重要性。丁女士说得尤其清楚："你做成20件事，别人不记得你。但你做坏一件事，别人就印象深刻了。所以说，做成和让人看见你做成都一样重要。即使沉默和害羞的人，也需要自我表现。"

一个普遍受欢迎的自我表现方法是：采用确实有效果的方法。只是沉默无声地做工作不足以让人重视，必须是最终能清楚呈现的工作，这才是表现自我的大好机会。尽管要冒公开失败的危险，但是只要是可能会有明显效果的派任工作，职场人最好还是去做。人们都如此强调这点："我现在晓得了，让人知道你是个高素质的人很重要。我可以在半天之中，制造一个好印象，也许能够使我受惠好几年。"由此可见，自我表现的重要性。这不是出风头，而是让别人意识到自己存在的价值。

一个好的推销员定要先信任自己所推销的产品。如果自己都不喜欢自己推销的产品，如何让消费者信服而来买产品呢。对事业人而言，这个"产品"就是自己的工作史和今日表现的总和。既然人是根据过去的追踪纪录来判断的，所以不管你现在正在做什么工作，一定要做得出色。"追踪纪录"这个名词是从赛马中得来的。

有这样一个小故事：

刘君喜欢赌马，自然也喜欢赌赢。他12岁那年，父亲把赌马的秘诀告诉了他。当然，通过这种途径获得财富，也需要认真地学习和思考。他常常看每周刊出的马经，并综合各种相关知识以增加得胜的概率。

记得有一次，刘君说："要尽可能降低冒险，我依赖的是过去的历史。追踪纪录包括6个方面：育种、训练、巅峰状态、障碍、骑师以及路况。这6项的每一项都要衡量。"

他父亲指出："假如你想赢，你就要比一般人聪明，而秘诀就在于研究追踪纪录。"对事业人而言，良好的追踪纪录相当重要。虽然研究心理学多年，但还没发现比刘君父亲所确定的那6项更好的评估追踪纪录方法。首先要从对事业人有意义的观点来对这些项目下定义：

育种——天生的能力

训练——天赋加上发展的过程

巅峰状态——表现出的最佳水准

障碍——限制绩效的因素

骑师——主管的素质

路况——目前环境是助是阻

要获得推销出去的追踪纪录，需要经年累月勤勉以求，而从职业赌徒的观点来衡量你自己，当能有所帮助。你的育种、训练、巅峰状态、障碍、骑师和路况如何，这些都是助你成功的机会。而在投入外界机会时要机敏，并不断地自问："我如何对这个机会做最有效的利用？"设法避免过度乐观的阿Q精神和杞人忧天的悲观态度。

二、提升性格魅力，
获得众人的信赖与注目

社会是一个大染缸，这是许多人所赞同的观点。社会以其巨大的力量改造着每一个人，使其发生一些自己都意想不到的改变，而这些改变都是为了适应社会的需要。经过了社会和人生的洗礼，许多人都发生了改变，能力、性情、人生目标甚至性格。这些改变甚至使他们失去了原来所追求的自我。

虽然这些改变有的是出于无奈，但是，大家还是尽量保持自己的性格魅力吧！

性格并非是你事业前进的束缚，相反的，许多成功的精英人士都是因为自己独特的性格魅力获得众人的信赖与注目，成就了令人钦佩的事业。追求性格上的完美使他们表现出一种对事业执着的追求，不畏艰难，有一种克服任何困难与阻碍的意志力。

生命的长短用时间来衡量，而生命的意义要用贡献来衡量。人的一生有很多种活法，关键看内容和过程是否精彩。

兰波是一位天才诗人，10岁就能用法文流畅地写作；15岁获得科学院大奖；十六七岁即达到创作旺盛期。然而这颗不宁的少年心却开始寻找"别处"的生活。

16岁的那年夏天，普法战争爆发后，他曾想去巴黎目睹第二帝国的战败，几经周折而未果；巴黎公社起义时，他生活在国民自卫军中，奋笔疾书呐喊的诗篇。此后，他徒步去过比利时，又相继旅居英国、德国、瑞士、意大利，用天才的笔记录了他所经历的一切，然后他毅然决然地走出了缪斯钟情的目光，那年他才21岁。与诗歌诀别的他依然是为了寻找"别处"的生活——他开始了冒险之旅，去过荷兰、德国、瑞典、丹麦和塞浦路斯等国，其间做过马戏团的翻译，为总督建造宫殿，在皮货公司和咖啡公司任过职。他还去过非洲的一些无人地带从事过勘察……37岁时因腿疾回国，病死在马赛。

兰波一生都执着地生活在"别处"，不仅证明了自己生活方式的种种可能性，还写意地展示了生命内容的丰富及生命意义的自由高度。

（一）树立正确的金钱观

人与人之间最好不要牵涉金钱上的问题，因为它可以摧毁最真挚的感情，令一对本来患难与共的朋友，彼此倾轧，互不信任。最后，反目成仇。

如果你能够对金钱培养出一个正确的态度，日后不管人家如何对待你，相信你也能泰然处之。无论物质对人的影响何其大，你都可以从容自持，证明你是个很有修养的人。英国中央研究中心的负责人哈特博士，是当今著名的心理学家，他综合前人的研究成果，加上自己多年来的临床经验与心得，集思广益，终于得到一个对金钱的新阐释。为那些希望战胜金钱引诱，想修身养性，把精神之花开在更有价值的东西之上的人，提供了一个路径。

1.钱财与时间是人生两样最沉重的负担。最不快乐的就是那些拥有太多这两样"东西"却不知怎样使用的人。

2.金钱是一个很好的仆人，却是一个很坏的主人。

3.财富并不是生命的目的，只是生活的工具。

4.财富之于品德，正如军队的辎重一样。没有了它不行，有了它却阻碍前进；为了照顾它，有时会丧失或妨碍了胜利。

5.钱，并不如人们有时说的是万恶之源；过分地、自私地、贪婪地爱钱，才是万恶之源。

6.只有正确地运用金钱，才不会令人变成守财奴。

7.将金钱奉为神明，它将会像魔鬼那样降祸于你。

在现在的社会中，有这样一句话非常流行，那就是"钱不是万能的，但没有钱是万万不能的。"正确地使用手中的金钱，不成为拜金主义者，这才是现代人所应具有的风范。只有这样，你才能在金钱横行的社会里掌握自己的方向，不盲从，一点一滴地积攒着自己立世的资本，提升自己的能力。

有钱本身并没有脱离绅士，而且有钱也并不是坏事，只是认为绅士与赚钱无缘而已。但事实上并不是这样，绅士也要努力工作赚钱。英国的绅士，本来就是农园的领主，因此在经营事业上，不完全是委托管家而已，领地内的桥梁、道路、养鱼池等的管理，都得亲自执行。

奥地利贵族侯贝鲁库是17世纪的人，在他的著作《贵族的地方生活》中，从领主的行政管理到领民的农业技术指导，都有详细的说明，绅士原形的贵族，在经营上也是想尽办法、费尽心思的。

绅士不管多么有钱，平常不随便乱花，然而一旦要花钱时，就尽情地花大钱，也就是在别人面前不会拿钞票出来数或者是一味地储蓄金钱，绅士认为这些都是非常愚蠢的行为。钱是为了自己享乐而用，不仅了解这点而且要付诸行动。绅士不会被金钱所摆布，知道以金钱作为"手段"而善加利用。

作为现代的绅士，不管有没有钱，宁可说是保持绅士的精神才是最重要的。尤其是现代，如果把自己的不幸、不方便，都归咎于没有钱，认为因为自己贫穷，所以不幸福。做这样的辩解，实在找不出比这更卑贱的说法。

在中国明代末年编的明言集《醉西堂剑扫》中有"贫不足羞，羞为贫而无志"，如果把这话讲得更明白些即是：贫穷不值得让人感到卑贱、羞耻，可耻的是因贫穷而失去志气。换言之，被金钱所摆布而迷失自己的人，才是最可耻的。

朋友做出对不起你的事情，你可以跟他理论、骂他，甚至打他，但不要以为含恨在心，便能令对方得到应有的惩罚。只要你不把他放在心上，你受到的伤害自然也会大大减轻。明白了世上没有十全十美的人，也没有天生的大坏蛋，朋友会变成仇敌，敌人也能对你有很大的帮助，你还执着什么呢？

不同的成长阶段，你的言行思想自然不断改变。多认识新朋友，开拓自己的生活圈子，公平对待每一个人，不要让任何人成为你的主宰，生活才会更灿烂。

爱默生曾经说："获得朋友的唯一办法是自己先做别人的朋友。"假如你对人与人之间的关系感到疏淡，你必定是缺乏安全感，却又找不到可依靠的人。记住：没有谁因没有对方而不能活，或许事事有人跟你有商有量，令你觉得称心如意；但培养独立精神，接受事实，永远祝福你的朋友，更加重要。

如果不小心碰撞到别人，应该说"对不起"；得到人家的帮助或恩惠，说声"谢谢"。像这样毫不费力，而能带给别人莫大快慰的事情，可谓"口头人情"，理应人人都可以付出。可惜，真正懂得诚恳待人接物的人，寥寥可数。大家都懒于张开金口，说些感激别人的肺腑之言。就算是自己不对，得罪了对方，也由于不习惯向人认错，把问题搁在一旁，若无其事，唯盼对方的怒气慢慢消解，自动原谅自己。

社会上，希望时常听到别人赞美自己却羞于向人赔不是的人，日渐增加，有人把这畸形的现象归咎于一种流弊。孩子们从小在这种环境中长大，人人自以为是，以名利多寡来衡量一个人的成败，久而久之自然形成恃才傲物的性格，自我膨胀，瞧不起别人，更不会顾念对方的感受。

切勿轻看一句"对不起"所具有的重大意义，它代表的意思起码有：我愿意承担自己的过错，日后希望做得更好，我敢于面对自己的缺点。一个有涵养与没有涵养的人的区别在于是否关心那些对你毫无利用价值的人。换言之，有涵养的人对那些小人物能够真诚有礼。

世界著名高尔夫球手戴洛顿，自小是个心高气傲的人，由于家境宽裕，一生顺利，所以从来没有将别人放在眼内，还抱怨人家待他不好，甚至是别人亏欠了他。直至在一次高尔夫球的公开赛事中，他连吃败仗，自尊大受打击，精神濒临崩溃。若不是朋友纷纷向他伸出援手，不断劝导他，戴洛顿自言如今他可能已住进精神病院。他曾经说："事业上的重大挫折，使我了解到待人接物的正确态度，那就是分享朋友的快乐，也分担大家的烦恼。"

放眼高瞻，人何其渺小。多替别人设想，你会发觉自己不再如此重要，心情自然就能平静放松。

事不计难易，年不以老少，持之以恒积小流而成江海，日见其壮而不觉。

有两名70岁高龄的老太太，对目前的生活有着不同的态度：一名认为到了这个年纪可算是人生的尽头，于是便开始料理后事；另一名却认为，左右一个人能做什么事的重要因素，并不是年龄，而是怎样的想法。于是，后者在70岁高龄之际开始学习登山。随后的25年里，一直冒险攀登高山，其中几座还是世界上有名的。在95岁高龄的时候，她成功地登上了日本的富士山，打破了攀登此山的最高年龄纪录。她就是著名的胡达·克鲁斯太太。

这个故事告诉人们：环境和遭遇并不能影响我们的人生，抱有什么样的信念才是最重要的。

世界上最可怕的不是末日来临，而是失去了斗志和信心。

张力一直都不曾找到工作，已经失业多年，生活一直拮据。整日里灰头土脸，神情极为沮丧。直到一个偶然的机会，他听到这样一个真实的故事。

一条街上有一个老大娘，生活很苦。丈夫很早就去世了，儿子又有些精神失常。街道为特困户送温暖，送给大娘一些钱物，大娘婉言谢绝了。

她说："我是穷，但我从不缺少什么，因为我有工作。"

大娘是有份"工作"：冬天在街边卖烤红薯，夏天卖棒冰。大娘从未"失业"过。

是啊，失业有什么可怕，这世间并不是没有事做，而是看想不想做。张力听后什么都没说。

第二天，他就去码头干起了搬运，后来竟拥有了多家搬运公司。

歌德曾经说过："最大的危险在于一知半解。"可是在我们的周围，包括我们自己在内，有一些愚昧无知的人，还以为自己聪明透顶，对于不明白的事情，缺乏谦卑的心向人请教，还死爱面子，冒充专家，装腔作势。结果除了愚弄自己之外，别人不会损失什么。

著名哲学家路德说过："如果你聪明的话，你会知道自己的无知；如果你不认识自己，你便是愚笨的。"承认自己的不足，接受没有人是十全十美的事实，不断学习，吸收新知识，开拓自己的眼界，才是智者的行为。

把人生的目标建立在一些肤浅的东西上，没有考虑到自己的性格、能力、兴趣及其他各方面的因素，以为人有我有，便是人上人。这种自愚的行为，也是值得同情的。

纽约市国家心理顾问研究所的负责人，是举世闻名的马田桑纳辛博士，他对于人的行为与心理问题颇有研究，在最近一篇刊登于《纽约时报》的文章里面，他写下这样一段话："选择目标，认定方向，是每个人一生的大事。有些人做得很好，所以能够保持容光焕发，遇到问题能迎刃而解；有些人却被自己的野心搅昏头脑，想一口气把所有事情办妥，必定自招失败，徒劳无功。"

如果你不希望坠入恶性循环之中，对生命感到心灰意冷，你需要现在就开始寻找一个正确而远大的目标，避免把它与名利沾上半点关系。因为这些东西经不起时间考验，短暂的快乐过去，紧接而来的是一大段空白的日子。

怎样制定目标？你需要趁自己心平气和的时候，把门关上，诚实地问自己："我想要什么？"把人生的目标清楚地记在纸上，放在抽屉里，两星期后再拿出来看看，把你认为可以删除的目标划掉，慢慢地你的答案将呈现在眼前。

记得这句话：生命像一首歌，不在于它的长短，而在于它是否动听。

骄兵必败，唯是尽力而为。谦卑地度过每一天的人，他们才能找到真正的快乐，不枉此生。恪守当前的工作岗位，努力做到100分。不要计较得失成败，也不怕流汗与流泪，这个道理，只能实践，从书中永远体会不到。

世上有这样的男子汉，他们能够轻松地完成一件别人极难完成的工作，事后却好像什么事情也没做过一样不露声色；他们为别人尽了力，当受到感谢的时候，却认为理当出力，而且丝毫不求酬报。一旦别人为他们做了哪怕极小的一件事情，他们都铭记在心，终生报答，即使为别人赴汤蹈火也在所不辞，这是具有侠义心肠的男子汉。像这样的侠客故事，不管在什么时代、什么地方，都是为人称道的。

实际上那些游侠人物都是头脑敏锐、善于发现他人品德的好手。头脑不好的人，坏事都做不成，连欺骗也是拙劣的。那些被称为"黑幕"的人物之所以可以隐秘地不露出自己的真面目，都是因为头脑机敏。遗憾的是，他们没有把自己的高智力用到人类进步事业的发展和带给人们幸福的行为上，而是反其道而行之。

（二）沉默是金

一个人若能让别人感到其成功出乎人的意料，"真没想到，他竟能做成那样的事情"，这样的人才算是一个高雅的人。

过分或过早宣传自己打算要做的事情，其结果经常是可悲的。在人们尚未关注的领域里，充分运用自己的特长，发挥自己的才能，其本身便是一件乐事。如果碰巧与人的关注相同，也是很有趣的事。至于一个人暗自高兴，禁不住笑出声来的时候，那更是加倍地享受了欢乐。

无论谁都愿意被人承认，这是人之常情。正是这"人之常情"，把那么多的人塑造成了缺乏魅力的模型。其实若论做人，我看八分为人喜，二分为人嫌，或者七三开便足矣。十个人里有七八个人喜欢你，两三个人讨厌你，我看以这种准则处世，生活才有情趣。若人人都称你好，恐怕做人的味道就会像空气一样无色无味了。

经常听到"返回原点"的说法，但问题是"原点"究竟在哪里？它可能在自己的内部，但也可能最初是以他人为出发点的。一般人们的工作是有连续性的，你现在做的工作有时是你前任甚至更前任的继续。在这样的情况下，错误究竟从何处开始出现的，很可能搞不清楚。

日本古书里曾记载了平安时代的一种习俗。那时候有一些官员被任命到外埠去上任，临行时送行的人总要严肃地叮嘱他们——到了那里要认真向前任了解公务，只能向当地的官员和百姓们说："我将继承前任的工作"，绝不能讲"我要做件什么事情给大家看看"之类的大话，死也不能做拍胸脯许愿的事情，千万千万！切记切记！

时至今日，这种"认真听取前任的话"的忠告还是一个重要的原则，成了为人处世的一个护身符，过去现在似乎都一样。那种"老板谁做也都一样"的说法是不对的。

忠实于自己的基本存在是自我教育的第一步，第二步则是如何从中发挥自己的所长。

如果有人一生都没有失败过，那只能说明他没有碰到过强手，而胜负的决定也不一定是强者胜利。即使是强者，也会有"会不会失败"的犹豫和恐慌的瞬间。内心不坚定，失败就不足为奇。因此，当两方对决，生死攸关，胜负决定于唯一一次交手的时候，胜者首先是深知自己的特长，并且直至最后能够竭尽全力运用自己特长的人。

十分了解自己的特长，却不能持自信之心也同样大错——知己，信己者胜也。

如果以为自我教育仅仅是局限在自己内部的教育，你就错了。它实际上是指认真研究自己，为下一步行动做好准备。更极端地说，是创造下一步行动前的最好心理状态。就像宇宙火箭开始喷射，即将飞上天空时的情景。

如果你在短暂的时间内无论如何也不愿去原谅那些令你难堪甚至得罪过你的人，那么你就先休息一下，将身心完全放松，不要再去同理智一起压迫自己的意愿，给自己一个完全松弛的时间。哪怕是只有短短几分钟，对你也会大有帮助。

早上醒来，你可能仍感到四肢软绵无力，恹恹欲睡。可是上班上学的时间快到了，必须抖擞精神，把自己打扮得整齐光洁，面对现实，表现出一副精力充沛，满怀自信的样子。尽管真正的你是一个懦弱胆小的人，你希望事事有人替你做主、让你依靠，但是你更要明白人生的孤单，必须学习独立。

如果你是一个率直的人，或会拒绝以两种面目示人。第一种是爱恨嗔笑存于心底，永远与人保持一段距离，不敢流露真情，唯恐弱点暴露，被人有机可乘。第二种是当你心情欠佳之时，则以冷面愁容示人，一问三不应，像是全世界的人皆亏欠了你。这是很孩子气的表现，试问谁愿意无端让人抢白一番，忍受晦气。

沉默是一种哲学，用得好时，又是一种艺术。人应该知道在什么时候说话，也应学习在适当之时保持沉默。尤其是你饱受外在环境威力的挫折，恨不得对人狂吼怒叫以发泄心中怨愤之际，你需要约束自己的舌头——调和呼吸，放松身体，让沉默成为一种达至身心平衡，精力充沛的催化剂，从而能化解烦恼。

有时，沉默不是没有主见的听之任之。而是一种策略，迫使对方说话，使自己有一种立体感和独立感。

松下幸之助经营的诀窍之一，就是"细心倾听别人的意见"。而善于沉默也是正确判断的基础。积极倾听的人把自己的全部精力——包括具体的知觉、态度、感情以及直觉——或多或少地投入到听的活动中去，从而集思广益。

著名散文家朱自清先生这样说过："即使在知己的面前，你的话也不应说得太多，沉默是最安全的防御战略，也是长寿之道。你应当自我节制，不可妄想你的话占领朋友的整个心。"

人共同的弱点，便是在亲密的人面前不知收敛，原形毕露，忽略对方也有情绪低落的时候。以为亲戚朋友有责任分担自己的烦恼，把在外面承受的种种压力，一股脑儿全发泄在他们身上，难听的咒骂也会脱口而出。这种言行，人人都可以避免，就在于你愿不愿意在心烦意乱的时候闭起嘴巴。德国哲学家西拉斯说："我常因说了话而后悔，从未因沉默而后悔。"

明白了导致情绪变动的原因，往往是与人无关，慢慢地你将更有能力掌管自己的明天，人也变得更可爱。

（三）谦和待人

要想保持良好的风度，就要善于了解自己的弱点，当然也应认清自己的优点。只有具备了这些条件，才可以对别人及其行为进行评价。一本关于文明礼貌的书不可能面面俱到，因为人们的气质和所受到的教育实在是千差万别（人们对此无能为力）。

早在公元前400年前后，希腊医生希波克拉第就调查过性格和气质的多样性。当时，他把人的气质分成4种：胆汁质、黏液质、多血质和抑郁质。同时，这位名医和他同时代的人还得出这样一个结论：这种种气质中，似乎没有一种是可以独立存在的。科尼格也曾经对此说过这样一段话："这几种气质在我们身上并非一成不变。正是由于它们的无穷变化才会导致极其细微的差别和极为巧妙的结合；不过这四股主风，终有股风最为强大，是它鼓起了每个大地之子航船上的风帆，载他驶向生活的海洋。"下面就来分析一下这"四股主风"的基本情况。

绝对胆汁质——此种人脾气大、性子急、易冲动。如果你想安安静静地过日子，最好不要惹他。这种人火气来得快也消得快，所以只有等他平静下来以后，才能与他心平气和地谈话。这种人非常高傲，常常引起周围人的反感。

绝对黏液质——此种人反应迟钝、行动缓慢、对人缺少同情心、任何事情都不会使他感到不安。有血性的人真想在他的脑袋里安上一台录音机，不断地提醒他"今日事，今日毕"。这种人过于恬静与持重，不喜欢看到意外的事情。这种人也许最适合做一些不需要热情、只需要平稳、没有突击任务的工作。这种人显然是理想的朋友和丈夫，只要他们的恬静不会使性情比较急躁的朋友和妻子愤怒到极点。不过，在需要头脑冷静的紧急关头，这种人的恬静与持重还是颇有益处的。他们的这一特点以及他们的忠厚与稳妥，都是很好的品质，因此对他们的过分持重，可以多少原谅一些。

绝对多血质——此种人热情、活泼、易冲动。年老时最能影响这种人心情的事情，莫过于这样一种意识，他们从未充分享受过生活的乐趣。"自己活也要让别人活"，这就是他们的座右铭。社会上对他们的评价是：性格开朗、有魅力、好说空话。这种人不论生活多么艰苦，总能看到积极的一面。但这种人办事不大牢靠，有时为了讨人喜欢而许下自己无力办到的诺言。是的，假如没有这个弱点，那他们确是很值得羡慕的人。此种人情绪多变，不能始终如一。凡寄希望于他们的人，很可能大失所望。但也不应因此就把他们当成坏人。这种人并非总能做到待人诚恳、精力集中。在必要时，可以婉转而又严肃地向他们指出这个问题，如果他们不听劝告，拒绝批评，那就离他们远一点。

绝对抑郁质——此种人的特点是忧心忡忡、郁郁寡欢。生活对他们来说，就像压在身上的千斤重担，似乎随时都会给他们带来危险。他们对生活所持的这种态度使他们怀疑一切。他们是很难伺候的客人，假如有条毛毛虫偶然爬进他们的碗里，他们会怀疑主人别有用心。这种人总是期待着生活赐给他们快乐与幸福。由于缺少乐观与信任，他们总是首先看到事物的阴暗面。不过，对此种人不应抱怨。他们之所以如此冷漠与多疑，往往因为他们有不幸的生活经历。他们需要的是信任、关心和温暖。

以上就是四种气质的"纯粹"表现。假如它们完全以这种形式出现，人们之间的关系就会变得极其乏味，尽管也会简单得多。但是实际情况并非如此：这几种气质总是混杂在一起的。正像变化不定的春风，人的气质也是各式各样、颇为复杂的。

下面，用一些篇幅来谈谈常见的几种人。这将有助于大家认识自己、克服缺点，以便在有暗礁威胁的大海里能更稳妥地驾驶自己的航船。

比如有一种人，可以用这样的话来形容他们的特征"你要不夸我，我就对你不客气"。我们那些喜欢虚荣的好兄弟就属于这种人。好大喜功的人需要别人奉承，就像人们需要吃饭一样。他们渴望不断地听到来自四面八方的颂扬，说他们在男人之中最有魅力，夸他们在同事之间最为能干。一旦听到这样的赞许，他们就像公鸡听到人们称赞它们的羽毛漂亮一样扬扬得意。若想和他们共事，需要学会奉承，否则他们会认为你在嫉妒。

"唉，我身上的担子可真重啊！"这是另一种好大喜功之人的特点。这种人希望得到别人的怜悯，总觉得自己干的工作多、负的责任大。这种人期待别人的注意，让人看到他们的功劳，对他们说些赞扬的话。如果他们确有成绩，夸他们几句未尝不可，只是一定要恰如其分，否则他们会忘其所以。

无论是爱虚荣，还是图功名，目的只有一个：不仅在公司，而且在家庭和朋友之中，想当第一提琴手。正常的虚荣心可以不被指责，但是极端的虚荣心却会使人成为一个卑鄙的投机者。这种人为了达到自己的目的，不惜"从别人的尸体上踏过"。和这种人交朋友要特别谨慎，因为一旦有利可图，他们会滥用你们之间的友谊。对这种人最好采取不卑不亢的态度回应。

拍马屁、阿谀奉承几乎成了献媚者的职业。无论你说什么，他都会随声附和；只要是你爱听的话，他都可以信口开河。他也许会对你说，你是姑娘们崇拜的对象，你完全可能成为全欧洲的拳击冠军（最轻量级的）。照他那样说，你早该成为金牌得主；听他一说，你的丈母娘成了世界上最可爱的人。杜绝此类奉承话的方法只有一个，那就是明确地告诉他："我讨厌听到这样的吹捧。"可惜的是，年轻人往往很容易被这样的花言巧语所迷惑。献媚者是危险分子，因为在他的赞扬声中，你很快就会失掉勇于求实、自我反省的能力。

因谨慎过度而疑神疑鬼的人，精神上总是处于一级战备的状态。这种人一贯谨言慎行，生怕暴露自己的缺点，办起事来瞻前顾后，如同火中取栗。这种人总是把人家的好心当成预谋已久的诡计，并将所有人首先视为需要严加防范的"异己"。尽管此类人很难交往，还是应当尽量解除他们的疑虑，使其相信你的良好动机。

对于权欲者来说，自己的意志就是一切。他们总是企图凭自己的意志去争取社会的承认。这种人听不进批评，容不得异己意见。他们的所作所为往往会导致夫妻不和，因为他们总是觉得自己的一切都对。与这种人很难相处，要知道，有谁愿意长期听任别人的摆布？谁喜欢总是无条件地听命于人？在现代社会里，如果没有真正的平等，就谈不上真正的友谊。如果权欲者总是粗暴地破坏这一原则，那么良好的关系很难建立。

那么，应当怎样去对付专制者呢？与这种人动肝火是不值得的。这种人对明智合理的劝告也并不总是置之不理。假如好言相劝无济于事，那么对于这种不知好歹、固执己见（因为这是"他们的意见"）的人则应使用讽刺的武器，尽管这只是为了出气。

还有一种人，喜怒无常，脾气就像4月的天气。这种人的性子谁也摸不清，几分钟以前还好好的，转眼之间就莫名其妙地大发雷霆。他们的情绪就像商店里的顾客一样，总是不断变化。不过，他们事后也往往为自己的失控而懊悔痛惜。人们对于阴晴不定的天气已经习以为常，没有人会感到惊奇。同样，人们对于喜怒无常的人也不应当过于介意，要知道，这种人脾气来得快，消得也快。

不过，不应当把心情不好和脾气古怪混为一谈，因为每个人都会有心情不好的时候，但这种一时的苦恼也不该发泄到别人身上。

性情急躁和喜怒无常一样，都是一种缺乏自制的表现。急躁的人常常对自己因为一时心血来潮伤害了好朋友而感到内疚。这种人火气一消退，头脑就会马上清醒过来。对性情急的人最好采取冷静、谦让的态度。否则杯水之波定将转为惊天之浪。不过，风平浪静之后，还是应当让他明白，没有人喜欢他的急躁情绪。

　　大城市里神经过敏的居民被快速的生活节奏和嘈杂的都市噪声弄得疲惫不堪，常常羡慕具有黏液质性格的人所固有的那种审慎持重。是的，假如他们的审慎持重表现得恰到好处、合情合理，那么实在不应受到指责。但是持重过度有时会被人们看作是一种懒惰和冷淡的表现。前面提到过的科尼格曾把这种人的特点刻画得惟妙惟肖，并提出了对付的办法："对于惰性者和黏液质人，绝不能总是听之任之。既然人们差不多都或多或少地有一点爱发号施令的嗜好，那么，就来满足这种欲望，去促一促这些萎靡不振的黏液质的人吧。在那些黏液质的人当中有这么一种人，由于他们优柔寡断，多少年来连一件很小的事情也办不成。在他们看来，诸如回信、写收据、付账之类都是一些非同小可的重大国务活动，要完成此事，所需时间之长，实在令人震惊。对于这种人，有时需要施以压力。他们一旦成就了一件繁重的工作，会真正感谢你的，尽管当初对你颇为不满。"

　　有一种人的性格既复杂又令人生厌，这种性格可以用一句话来概括，即"人云亦云"。这是一种反复无常、不可信赖的人，因为他们既无主见、又无观点。只要对自己有好处，他们可以拥护任何人。这种人严守"人云亦云"的信条，总是等到大家都说完了，他们才发表自己的意见。这种人常常根据别人的意图来决定自己的观点。这种"观察员"觉得，这样做可以不担任何风险，因为到时候他们可以把责任推到主管和同事们身上。这种人永远得不到正直豪爽的人们的尊敬。

有些人自命为世界上的第八大奇迹。他们认为，如果没有自己，没有自己的智慧和努力，一切工作都将徒劳无功。他们总是做出一种万事不为难的样子，好像一切事情若由他们处理，都会易如反掌。这种人高傲、自负、目空一切，为了证明"老子天下第一"，总是压制老实人和能力差一点的人的创造性。这种人虚荣心很强，从来不去帮助别人。对付这种人的方法，就是充分发挥自己的主动性。妄自尊大往往使人丧失自知之明。对于这种人的傲慢，应当采取不屑一顾的态度，自己该干什么就干什么，当然也要注意礼貌。

还有一种性格，具有这种性格的人总是很谦虚，尽管他们也知道自己颇有能力；虽然很有才华，却依然彬彬有礼；这种人的心情总是非常愉快的，他们对任何事情都充满热情，然而热情得并不过分；这种人总是坚持自己的观点，却又不强加于人。简而言之，这是一些理想的人。至于对他们应该采取何种态度，这里无须赘述，因为与这种人在一起只会感到快乐，满心的烦恼都将化为过眼烟云。

现代生活中如何保持心理平衡，这是人们共同关心的问题。美国心理卫生学会提出了心理平衡的十条要诀，值得我们借鉴。

1.对自己不苛求。每个人都有自己的抱负，有些人把自己的目标定得太高，根本实现不了，于是终日郁郁寡欢，这实际上是自寻烦恼；有些人对自己所做的事情要求十全十美，有时近乎苛刻，往往因为小小的瑕疵而自责，结果受害者还是自己。应该把目标和要求定在自己能力范围之内，懂得欣赏自己已取得的成就，心情自然就会舒畅。

2.对亲人期望不要过高。妻子盼望丈夫飞黄腾达，父母希望儿女成龙成凤，这似乎是人之常情。然而，当对方不能满足自己的期望时，便大失所望。其实，每个人都有自己的生活道路，何必要求别人迎合自己。

3.不要处处与人争斗。有些人心理不平衡，完全是因为他们处处与人争斗，使得自己经常处于紧张状态。其实，人与人之间应和谐相处，只要你不敌视别人，别人也不会与你为敌。

4.暂离困境。在现实中，受到挫折时，应该暂将烦恼放下，去做你喜欢做的事，如运动、打球、读书等，待心境平和后，再重新面对自己的难题，思考解决的办法。

5.适当让步。处理工作和生活中的一些问题，只要大前提不受影响，在非原则问题方面无须过分坚持，以减少自己的烦恼。

6.对人表示善意。生活中被人排斥常常是因为别人有戒心。如果在适当的时候表示自己的善意，诚挚地谈谈友情，伸出友谊之手，自然就会朋友多、隔阂少，心境自然会变得平静。

7.找人倾诉烦恼。生活中有烦恼是常事，把所有烦恼都闷在心里，只会令人抑郁苦闷，有害身心健康。如果把内心的烦恼向知己好友倾诉，心情会顿感舒畅。

8.帮助别人做事。助人为快乐之本，帮助别人不仅可使自己忘却烦恼，而且可以表现自己存在的价值，更可以获得珍贵的友谊和快乐。

9.积极娱乐。生活中适当娱乐，不但能调节情绪、舒缓压力，还能增长新的知识和乐趣。

10.知足常乐。不论是荣与辱、升与降、得与失，往往不以个人意志为转移，荣辱不惊、淡泊名利，做到心理平衡是极大的快乐。

（四）展示自己的长处

在展示自己的长处时最好对自己有个明确的认识，同一种事物有不同的价值，有时候甚至是相差千里，关键是看能不能抓住它的本质，找到它的最高价值所在。反之，就会让精华成为糟粕，失去它原有的光彩。

从前有位青年有很高的志向，于是他的父亲就鼓励他出去探险，也许能找到一些稀有的物品或是宝物。于是这个青年就造了一艘坚固的船出海了，但是由于他的阅历浅，在很多方面都没有经验，所以一路上也没发现什么宝物。后来他到达了一片沿海的原始森林，在里面发现了一棵稀有的树，这种异常高大粗壮的树木在整个森林也是很少见的。他了解到，应砍倒树后用一年的时间让外皮腐烂，取用木心沉黑的部分，因为这个部分会发出一种无与伦比的香气。更奇怪的是这种树木不像其他树木一样放在水里会漂浮起来，而是会沉到水底。青年觉得自己已经找到了宝物，于是就用船装着这些树木返航了。

这个青年把这种稀有的宝物拿到了市场上出售，竟然，没人来买。一是很多人都不知道它的真正价值和用途；二是人们买木材大多是用于建筑和取暖的，对青年要的过高的价格不予理睬。青年发现挨着他的卖木炭的摊位，生意非常好，总是很快就卖光了。刚开始的时候青年还觉得没什么，但是很长一段时间过去了，他的木头还是没有卖出去，就有些着急了。既然木炭这么好卖，我为什么不烧成炭来卖呢。

青年果然把香木烧成炭了，只用一天就全部都卖光了。青年很高兴，马上赶回家得意地把事情的经过告诉了父亲，没想到父亲却一副心痛的样子。原来，青年烧成木炭的香木，正是这个世界上最珍贵的树木"沉香"，只要切下一块磨成粉屑，价值就超过了一车的木炭。

每件事物都有它的独特之处，衡量它的价值也不能只是看表面或是人云亦云，更不要把钻石拿到玻璃市场上去卖。

智者不用其所短，而用愚人之所长。

在一个风和日丽的星期天，翠湖公园内上演了一场獴与蛇的生死搏斗。

公园里面人满为患，只见台前放着一只垫高的大铁丝笼，笼里关着一条赤链蛇，约有一个成人身高的样子。獴的毛呈灰黄色，个头与长相跟黄鼠狼差不多，看上去相对弱小，而嘴却是尖尖的，身体十分灵活。

搏斗要开始了，观众们都睁大了眼睛，要看它们怎么个斗法。饲养员从一只笼子里将一头獴迅速放进蛇笼。刚把它放进去，獴就立刻勇敢地冲上去咬蛇的"七寸"。那条蛇也很厉害，头一偏，闪电般一个翻转扭转了局势，它死死地把獴缠住，壮实的身体被慢慢地越缠越紧，眼看那可怜的獴就要完了。突然间，奇迹出现了，当獴被蛇缠住时，把腹部鼓得胀胀的，像是会气功一般。过一会儿等蛇一大意，獴就来了个放气收缩，身子就像箭一样蹿了出来，一口咬住蛇的头死不放松，尖利的牙齿把蛇的头颈咬了个稀巴烂，成为这次生死搏斗的最后胜利者。谁又能料到獴原来是蛇的天敌克星呢？

野生的獴就是专门以斗蛇、食蛇为生的，这是它们在物竞天择的生存斗争环境中练就出来的。物尽其用，只有依据自己的特长才能发挥出最大的作用。

有一天，小老鼠出洞觅食的时候，看到有一只刚学会飞的小鸽子在练习飞翔。小老鼠一直都很向往像鸟儿们一样在天空中自由自在地飞，就问小鸽子他怎么学会的飞翔。小鸽子就笑眯眯地对他说："你只要天天练习，不要害怕跌倒，伸长双臂向天空中飞翔就可以了，总有一天你会飞上天空的！"

听了小鸽子的话，小老鼠对飞翔念念不忘。从那以后，他每天挥动手臂向天空飞翔，可是每次都跳不了多高就摔了下来，根本飞不起来。小松鼠看到后对他说："老鼠哥哥，你这样是不对的，要想跳得高，你可以站在高墙上往下跳呀！"说完，小松鼠一甩尾巴，轻巧地从一棵树跃上了另一棵树。小老鼠看了更是羡慕。

于是，小老鼠下定决心，爬到了高高的墙上。看着这样的高度，他还真是有点害怕，可是一想到自己那个飞翔的梦，他还是鼓起勇气跳了下去。当然，他还是没能飞起来，却跌断了一条腿，顿时趴在地上不能动弹了。

正好小鸽子飞过这里，就问他："你怎么趴在这里一动不动呢？"小老鼠一看是小鸽子，立刻气愤地骂道："骗子！你教得好方法！"小鸽子一听愣了，问明情况之后觉得又好气又好笑，说："你如此想学会飞翔也要先有翅膀才行啊，你不是有一双善于挖洞的手吗？应该物尽其用好好地练习挖洞，却来学什么飞翔呢？"

一个人价值体现的最好时刻是在别人最需要之时。

很久很久以前，有个老铁匠，他有一门非常好的手艺，就是打铁链，凡是他打的铁链都结实又耐用。可是老铁匠为人很木讷、不善言谈，从来不会吹嘘自己，所以他卖出的铁链很少。人家都说他太老实，要是他肯偷点工减点料的话，就能多赚一点。但他不管这些，仍旧一丝不苟地把铁链打得又结实又好。大家都笑他不通世故。

有一次，一位船长慕名找到了老铁匠，他恳请老铁匠给他打造一条又粗又结实的巨链，装在他的大海轮的甲板上做主锚链的备用品。老铁匠欣然接受了。很快，一个月过去了，老铁匠终于打好了一条符合船长需求的铁链。

没过多久，船长就起航了。就在第四天的晚上，风暴骤起，风急浪高，海轮在浪尖上颠簸，随时都有可能被冲到礁石上粉身碎骨。船上其他的锚链都放下了，但一点也不管用，最后，就在大家毫无办法的时候，船长想起那条老铁匠打的主锚链，随即把它抛下海去。

海轮在浪尖上浮沉，当时全船一千多名游客和货物的安全都维系在这条锚链上。大家紧张地看着风暴肆虐，默默在心里祷告。狂风狠狠地刮着，像撕布条一样撕扯着海面。此时，老铁匠的锚链就像一只坚实的手，一面拉紧游轮，一面探向深深的海底，将船只牢牢地缚在海面上，保住了全船一千多人的生命。

漫长的一夜过去，风暴终于对这只巨手投降，灰溜溜地走了。太阳也终于露出了赞许的脸庞，将阳光洒在这只金色的船只上。人们纷纷奔上甲板，彼此拥抱，感谢老铁匠打造的那根结实的锚链。

何以有些人特别引人注目，令人一见倾心，到处惹来艳羡的目光？心理学家指出那些懂得魅力，把自己的长处展露无遗的人，自然能带给人一种与众不同的感觉。如果他们能保持一贯的形象，于一个眼神或微笑间流露其气质与涵养，别人自会觉得他们很美。怎样发挥我的魅力，增添吸引力呢？

不要只做埋在土里的金子，要勇敢地放射光芒。

张文年轻的时候，有很长的时间不受重用。面对未来他感到非常迷茫和彷徨，于是他去拜访了著名的清莲寺高僧普济，请高僧指点迷津。普济问明来意，对他说："你怎样对待自己的工作呢？"

"认真去做呗！但是我父亲告诉我，做人不能太露锋芒，否则会遭人嫉恨。所以我一直认真做事，低调做人，从不出风头。"张文回答道。

普济心中已经明白了七八分，然后约他坐上寺里的游艇游湖。普济发动游艇，一边跟他随便探讨着一些话题，一边慢慢地向前行。

这个时候，很多跟他们同时起航的船只都已经超过了他们，普济和尚状若不知。而张文眼看着就连双人划的小木船都超过了他们的时候，心下已经有点着急了。

这时，又有一艘快艇超过了他们，船舷溅起的水花噼里啪啦地敲在湖面上。船上的人笑呵呵地对普济喊道："和尚，你的船不行了吧？赶紧报废了算了！"

回到清莲寺，普济走下游艇笑问张文："你说我的游艇究竟怎么样？"

张文回答道："您的游艇很不错啊，只是没有开足马力向前冲，所以他们才不知道真实情况而嘲笑您。"

"你说得对，其实干工作也是这样，你再有才华、有本事却不显露出来让人知道，那跟没有有什么差别呢？别人不知道你有能力，只看到你凡事畏缩，谁又敢重用你呢？"

张文茅塞顿开。

不要随便蹙眉或咧嘴大笑，前者让人觉得你很不快乐，后者则容易令人觉得你是个粗鲁的人。你很难估计当自己滔滔不绝或大笑时，有没有把口水飞溅到对方的身上。与人交谈之时，说话声不宜太大或太小，唯一的标准是让对方能够清楚听见你的话。

在一般的朋友面前，不要与你身旁的人讲悄悄话，尤其是避免"小声讲、大声笑"这些不雅的行为。如果有人当众赞赏你时，你也不可表现出沾沾自喜的态度，或是极力否认。以微笑替代说话，神情谦虚，是最明智的做法。

不要以为没有熟识的朋友在你的周围，你便可以不顾仪态，如瘫坐在椅子上等。至于穿着打扮方面，也不宜过于随便，即使你并不重视那个约会。如果是女子的话，化妆应以素雅自然为主，切勿以奇装异服出现，否则人家只会把你当作小丑看待。你要遵守一些公众场所的规则，如：严禁吸烟、大声喧哗等。否则你穿得再漂亮，也是虚有其表，令人侧目。

人人都可以成为伟人，干一番大事业，光宗耀祖。只要你发挥潜能，从容应付任何困难与挑战，达到前所未有的成就。成功的关键在于你是否懂得培养自信，无论何时何地，永远是自己忠实的支持者。

你的长处是什么？你要好好思考，才能对自己有深刻的了解。发挥所长，自然有出色的工作表现，**奠定培养自信心的基础**。

如果能够抓住事物的重点，看清其内在联系，一切问题就可以迎刃而解。

有位老太太患了高血压，儿媳妇从邻居处弄到一个偏方——将鱼翅放在剥了皮的鸡肚子里清蒸，连汤带肉吃，七七四十九天，高血压保证可以治愈。儿媳妇就打算给患高血压的婆婆用这个偏方。

老太太吃了很多药都不见效，已经不报根治的希望了。但是看到儿媳妇有这份孝心，也将就着吃了49天，没想到去医院量了量血压，果然变得正常了。

因为这个偏方就是一道味道鲜美的菜肴，而且治疗功效也显著，所以自此以后儿媳妇便经常给老太太做这道菜吃。

没想到过了几个月老太太的高血压又犯了，吃偏方也不见效。到了医院，医生问："后来做的鱼翅蒸鸡与前面49天有什么不同？"

儿媳妇想了想说："也没什么不同啊，只是以前的做法是清蒸，现在做的时候加了点盐。"

医生说："原因就在这里，老太太的高血压是吃盐引起的，而之前的'偏方'之所以有效，不是因为鱼翅或鸡，而是由于没有加盐。"

找到问题的关键所在，是成功的第一要素。

不要以为自己是个超人，为逞一时之快，事无大小都一一承担。凡事尽力而为，也须量力而为。能够从失败的经验中吸取教训、时刻反省的人，他们反败为胜的机会将会大增。不论你遇到什么疑难，你需要正视它，以积极的态度寻找应变的方法。一旦问题获得解决后，你对自己的信心将随之增强。

把你曾经妥善完成的工作或骄人的成就一一列在纸上，学习自我欣赏，培养勇气，肯定自我的价值，确信自己的办事能力胜人一筹。接受人家的批评，去芜存菁，也非常重要。对于一些恶意的抨击，你大可不必理会，只求自己脚踏实地地度过每一天。

你要主动地与朋友保持联络，跟他们分享你的计划与理想。由于对方懂得欣赏你，就算你对自己的能力感到怀疑，对方也会激发起你把事情完成的决心。

不要羡慕人家得到美人垂青，无论何时何地，都能吸引异性的注意，在对方的心目中留下良好的印象。你也可以成为这样的人，只要你培养出良好风度，学习尊重别人，大家自然会喜欢和你聊天，觉得你是天下第一等的好人。如何为自己建立一个魅力四射的形象？你需要注意以下几点：

待人诚恳。遇到愉快的事情，不妨大笑一场；心中有疑难，不妨说出来与好朋友分担，客观听取对方的意见。

就算自己的收入不高，也要学习做个慷慨的人。宁愿节俭一点，也不可跟人家斤斤计较。尤其是当朋友身陷危境时，你要尽自己所能帮助对方。

人不可自以为是，目空一切，但更不可丧失尊严与自信。你要避免骄傲的言行，更要避免自暴自弃、未战先投降等愚行。

能够保持心境开朗，脸上时常挂着微笑的人，不管在任何场合里，都是最受欢迎的人物。

一个时常改变主意，生活毫无规律而且情绪化的人，试问怎样与人融洽相处？你要避免犯自我放纵的毛病，现在就寻找生活的目标，培养正确的人生观，做一个有原则而重情重义的人。你会发觉处处都有向你伸出友谊之手的人。

学习尊重他人乃自重的根本，可惜一般人都希望把他人踩在脚下，结果弄巧成拙。

能够对一切新奇事物都感兴趣，拥有一个活泼的心灵，不墨守成规，虚心接受人家意见的人，会散发一种诱人的馨香。

谁能无过？一错可以再错，你可以不断犯错，但切勿犯同样的错。否则一旦养成恶习，你要把它戒除也无能为力。为什么？道理很明显，如果你无法做自己的主人，便会受制于人。譬如你觉得讲粗话很有性格，与朋友交谈的时候，时而说出一些脏话，久而久之，你再也无法吐出干干净净的语言。影响所及，就连行为举止也很粗野，昔日温文尔雅的形象一扫而空，人人对你侧目鄙夷，你把自己害苦了！

下定决心改过自新，这是一件不易成功的事情。不过，人人都有一颗心，一颗随时随地告诉你什么是对与错的良心，你只需客观地听取人家的忠告，对你日后培养正确的人生观必定大有益处。

不管你希望自己成为一个怎样的人，也不管你如何努力建立自我形象。你是否能够向对方传递重要的讯息、达到人与人沟通的目的，让你的外表及内心同样吸引别人，才是决定你是否能成功地使人一见倾心、使人被你的雍容气度所震慑的主要因素。

人与人之间的沟通是一个很复杂的过程，你如果了解并感受到它的重要性，在与人相处时特别重视这一点，你会发觉周围的人纷纷向你伸出友谊之手。你无须花什么精神，便能成为受欢迎的人物，对于建立自我形象，事半功倍。

人与人之间的沟通不仅牵涉讲与听，而且也关联你对他人感受的敏感度。在考虑自己以前，就先考虑别人的需要与兴趣。不要向一种倾向屈服，把一些长久持续的关系视作是理所当然的，应不断地与对方沟通。一些持续较久的关系在沟通方面往往会比新建立的关系更难进行。

留心彼此相处及沟通时发生问题的讯号，不要试图隐藏你在沟通方面遭遇到的问题，诚恳地向朋友说出自己的意见与提议，你会慢慢发觉对方并不如你想象的偏执顽固。相反，在达成协议的过程中，你的优美气质将被显露出来，令人对你产生好感。

动辄大发雷霆的人，可以找到千百个借口，原谅自己的不是之处，还归咎对方，认为错不在自己，纯粹是对方面目可憎，令自己难以控制一触即发的怒气。其实这种理由乃一派胡言，除非你选择要生气，不然谁也无法令你这样做。

如果你不希望带给别人极坏的印象，臭名远播，以致人家处处躲着你，你应该在自己的怒气快要发作的时候，退一步想想，学得聪明一点，不可自我放纵，以免日后后悔之时，一切已经难以再补救。

很多人习惯对别人发脾气的原因是他们没有顾虑到后果。假若你晓得自己为逞一时之快，无端把对方责难一番，从此对方会把你视为很难相处的大恶人，人人会对你敬而远之，你大概不敢再凶巴巴待人了。

当你快动怒的时候，暗自在心中从一数到十，假如数完后你仍想发怒，不妨重复做，这是训练忍耐力的好方法。

对方可能是故意激怒你，令你本来愉快的心情一扫而空，你为什么要中他的计谋？就算你的内心很讨厌他，也无须把他痛骂一场泄愤。沉默不语，视对方如无物，故意轻视他，才是对他最大的报复。

8种职场常见的坏习惯，虽然它们不像酗酒和吸毒具有那么明显的破坏性，但绝对会阻碍你取得事业的成功。

1.办事拖拉

一名信奉完美主义的美术设计师总是很晚才交上作品，但他没有意识到，准时与作品质量具有同等的重要性。在现代企业，每个人的工作往往要等到前一个人完成其分工部分后才能开始。如果你在团队中拖拖拉拉，其他人就不再依赖你，甚至开始怨恨你、抛弃你。

2.准备不足

你所卖的东西一定就是人家想买的吗？除非你详尽调查市场，否则这种思维只会带来失败。一根制作精良的马车皮革鞭算是个工艺品，挂在居室内想必也不错，不过倘若你的顾客对马和马车没有什么爱好，就别老提你的马鞭。

3.不能坚持到底

一名相当成功的健身俱乐部经理告诉我，他不再参加管理讲座了，尽管讲座讲的东西很好，但要员工去执行新规定却很少奏效。如果新技术确实很重要，经理人就应当拿出足够的时间来设法实现这些目标。

4.不吸取教训

成功人士之所以成功，不在于他们比其他人犯的错误更少，而在于他们不重复过去的错误。从错误中学到的东西常比成功教给我们的更多，犯了错误却不吸取教训，白白放弃如此宝贵的受教育机会实在可惜。在你从错误中学习之前，你必须承认错误，不幸的是许多人拒绝认错。

5.有能力、无魅力

随着年龄的增长，人们更喜欢和有一定能力且平易近人的人交往，而不是那些脑瓜聪明却不可一世的人。我认识一位绝顶聪明的管理咨询师，他因为不擅人际交往而一再失败，对此他还牢骚满腹："请根据我的成绩来评判我，别在意我的态度。我可不是那些马屁精。"他不明白，魅力是使人保持平和，而非教人溜须拍马。以他的能力和资质完全可以登上成功之舟，可是他却与成功失之交臂。

6.当老好人

如果你总是为了取悦他人而唯唯诺诺，最后你反而会失去人们的尊敬。当你失去他人的尊敬后，要想重新获得就很难。偶尔在与你持不同意见的人面前说不，同时保持弹性并能坚持工作，也是获得尊敬的方法。有位猎头公司管理人经常对应聘者说"不"，因为人们对拒绝的反应，最能表现出他们是否具有领导才能。

7.不切实际的幻想

当分不清理想与现实的区别时，失败的陷阱差不多就布好了。重组公司是合理的，但一下子达到许多目标是不切实际的。洛杉矶一家文具店既调整销售，又修改公司流程，同时还改变了退货政策。尽管这些措施都很必要，但6个月后，这家商店申请了破产。

8.用人不当

一家五金连锁店的"好人"老板聘用了一名他认为"强硬"的首席运营官。老板最大的错误在于，把顽固不化与坚持原则混为一谈。最后，老板被迫解雇了这名运营官，但此时好几名高级职员已经离开企业。世界上确实存在着坏人。假如你给了他们发挥的机会，最后吃亏的只能是你自己。

（五）庸人争锋　智者藏隐

安危相易，祸福相生。

一只觉得自己长得既丑陋，行动又不灵活的毛虫对上帝抱怨道："上帝啊，你创造万物固然非常神妙，但我觉得你安排我的一生却不高明。你把我的一生分成了两个阶段，不是又丑陋又迟钝，就是又美丽又轻盈，使我在前一阶段受尽人们辱骂，后一阶段却获得诗人的歌颂，这未免太不协调了。你何不平均一下，让我现在虽然丑一点，却能行动轻巧，以后当漂亮蝴蝶时行动迟缓一点，这样我做毛虫和蝴蝶的两个阶段不就都能愉快了吗？"

上帝回答说："你大概以为自己的构想不错，可是如果那样做，你根本活不了多久。"

"为什么呢？"毛虫摇着小脑袋问。

"因为如果你有蝴蝶的美貌，却只有毛虫的速度，一下子就会被捉住了。你要知道，正因为你的行动迟缓，我才赐给你丑陋的外貌，使人类都不敢去碰你，这样对你才有好处啊！现在，你还要实现你的构思吗？"上帝说。

毛虫慌张地答道："不，不用了。请维持你原来的安排吧。"

一个聪明的人懂得把自己的才能在适当的时候表现出来，而不是成天挂在脸上，也不是成天憋在心里。

一位先生带着弟子外出讲学途经一片树林时，看到有人在伐木。他们注意到，那些伐木人只砍一些高大的乔木，对低矮的灌木却不屑一顾。

先生见此，便对弟子们说："你们看见了吧？那些乔木成材，所以被砍伐了；这些灌木未成材，却活得挺好，你们千万要记住这件事。"

师生们继续往前走。时至正午，他们到一家饭店吃饭。店主人便让伙计们宰一只公鸡款待他们。伙计们问宰哪只，主人道："宰那只不打鸣的。不会打鸣报晓的，留它何用？"

先生听了，赶紧对弟子们说道："你们听到了吧？这只公鸡不打鸣，不成材，所以被杀掉了；那些打鸣的公鸡成材，所以被留了下来。你们千万要记住这件事。"

听了先生的两番教诲，有个弟子不解地站起来问道："老师，我们做人到底应该成材，还是应该不成材呢？"

先生看了学生一眼，便滔滔不绝地说开了："这个问题是不难回答的。做人嘛，当然喽，首先不要成材，成材会招来杀身之祸，那些乔木不就是因为成材而被砍了吗？可是，也不要不成材，不成材也会有灭顶之灾，这只公鸡不就是因为不成材而被宰了吗？"

成材还是不成材，这不是一个问题，问题是要在适当的时候做有用之材。

朴特兰是著名的朴特兰出版公司的总经理，有一次，他把凡戴克博士的演说词窃为己有，又把顺序单上自己的名次变换，以达到目的。本来呢，朴特兰是预定做最后煞尾的演说。可是他和主席商量，把那煞尾的荣誉演说让给著名的牧师凡戴克博士。

这好像是一件可鄙的阴谋，但这实际上是完成大事业中若干聪明动作之一。朴特兰很了解凡戴克的终极目标。

朴特兰是经过长期艰辛奋斗的人。他在许多地方工作过，好不容易当上出版业的领袖，在国际版权的竞争中获得成功。因为这个缘故，那天晚上他和凡戴克博士同时被邀演说。凡戴克演说词的材料朴特兰是完全知道的，并且知道那材料很好。可是朴特兰窃取他的材料并不为此，朴特兰是要叫凡戴克把他说过的最重要的几点，再述说一遍，使听者感觉他的演说格外有价值。据朴特兰说："我当时利用时间，把凡戴克博士的演说词说了。轮到他说时，他毫无障碍，把我所讨论的议题一条一条地重述一遍。我所讲的主要是商业问题，他除重述要点外，又讲了许多在营业方面要着重考虑的问题。他人并不感觉他所讲的乏味，还会感觉到我所讲的重要了。"

朴特兰巧妙地藏身幕后，把凡戴克推到前面，做了本问题的第一负责者。在这件有趣的事件里，可以把重要的领袖的才能表现出来。通常人们总以为做领袖的是贪图一时的光荣和显赫，只要有一点点的私欲被发现，人们就会态度冷淡，或变为敌对，所以真正的领袖常在幕后进行他的计划。

生物学家法兰克林，他在25岁的时候，还是一个不知名的青年。但当时，他便创立费城图书馆，后又建立学校，成为今日的本雪尔文尼亚大学。这两项事业，他总是尽量地做到"不出面"。图书馆的创立，好像是若干朋友请他去办，为嗜好读书者而设立的。而学院的成立也好像不是他自己的主张，乃是一帮热心公益的绅士的意见。

法兰克林这样说道："凡倡议了一件有益事业的人，不该把自己表现于人前，因为人家会以为你是在沽名，致旁人有失望之感，而这班人正是你应倚重的。总之，暂时地或稍微地牺牲你的虚荣心，随后一定可以大大地得以补偿。"

因此，凡有能力的人于他所从事的方针，要比个人的得失还重大。

哈立曼是伟大的铁路建筑家，沙纳西是他最后患病时的相伴知己。沙纳西说："我感觉他有一种伟大力量，使和他接触的人都对他忠实。这种力量的发生，一半是因为他能辨别真才实学，一半是他能使周围的人对他具有深切的信仰，信仰他志在谋大众的幸福，不是为个人的私利，因而较之任何人博大高远。"

纽约《世界报》的创始人和出版人浦列舟，是美国著名出版家之一，也有与哈立曼同样的精神。他曾经警告他的编辑，如在一个紧急时期，他所发布的命令有和该报政策违背的，编辑们尽可不去理他的命令，仍遵照该报的政策工作。

司维夫特是司维夫特公司的创办人。有一次，他公司里的更夫因为天色昏暗不能辨别他，就不许他进入发电所，他反而增加了这更夫的工资。

庸人往往在某一个时候把自己的便利、妄想以及虚荣心放在一切之前。可是一个正直的领袖对于一件寻常事的主张，要比他力所能做、口所能言的任何事物看得都重。凡是自己的势力薄弱以及不能凭借权势解决纠纷的人，大可采用这种谋略。许多年轻的行政官应付难驾驭的民众，更应当用这些宽大政策，作为众人的向导以解决问题。只要把这些政策拟妥，并且得到上级的核准，困难自然就会消减。

所以你们如果正在做某一事业的老板，或是劝说人家实行你们的主张，最好是藏身幕后。但有一点你要弄清楚，当前的计划，比你个人还重要。

让别人做你的喉舌，把你的思想发表出来，是顶聪明的事。对待雇员和手下，要注意把你已定的政策，放在当时个人的利害之前。

（六）自夸者其行未远

诚实是做人最起码的准则。

在很久很久以前，有一位国王，他贤明而且受人爱戴，可惜膝下无子，于是决定收养一个孩子为义子，将来做自己的接班人。国王选子的标准很独特，他给孩子们每人发一些花种子，宣布谁用这些种子培育出最美丽的花朵，那么谁就成为他的义子。

孩子们领回种子后，开始了精心的培育，谁都希望自己能够成为幸运者。有个叫雄日的男孩，也整天精心地培育花种。但是一个月过去了，花盆里的种子连芽都没冒出来，更别说开花了。

国王规定的观花的日子到了。无数个孩子涌上街头，他们各自捧着盛开着鲜花的花盆。国王环视着争奇斗艳的花朵与漂亮的孩子们，并没有像大家想象中的那样高兴。忽然，国王走到端着空花盆的雄日跟前，问他："你为什么端着空花盆呢？"雄日抽咽着，他把自己如何精心摆弄，但花种怎么也不发芽的经过说了一遍，没想到国王的脸上却露出了最开心的笑容，他把雄日抱了起来，高声说："孩子，我找的就是你！"

"为什么是这样？"大家不解地问国王。

国王说："我发下的花种全部是煮过的，根本就不可能发芽，又怎么能开花呢。"

诚信不仅是做人的基本准则，也是商家立于市场不败之地的准则。讲诚信，利人、利己、利社会；不讲诚信，失之以义，失之以德。

小池是日本的一个大企业家，他曾说过：做人做生意都一样，第一要诀就是诚实。诚实就像树木的根，如果没有根，那么树木也就没有生命了。

小池出身贫寒，20岁时在一家机器公司当推销员。有一个时期，他推销机器非常顺利，半个月内就同33位顾客做成了生意。之后，他突然发现他现在所卖的这种机器比别家公司生产的同性能的机器贵了一些。他想：如果客户知道了，一定以为我在欺骗他们，会对我的信用产生怀疑。于是深感不安的小池立即带着合约书和订单，整整花了3天的时间，逐户拜访客户，诚实地向客户说明了情况，并请客户重新考虑，并加以选择。

每个客户都很感动于这种诚实的做法。结果，33人中没有一个解除合约，反而成了更加忠实的客户。

事实做到的只有1/10，或者连1/10都不足，说话却说到10分，虚多而实少。他靠三寸不烂之舌，说得异常动听。有一部分听众不察，也许就会上他的当而信以为真。比方他对某种学问教术，不过初窥门径，尚未登堂更未入室，居然自命为专家，到处狂言无忌。遇到不懂的人，自然不易将他拆穿。比方他对于自身经历，说得如火如荼，某事是他做的，某计划是他拟的，某问题是他解决的，好像他是足智多谋，好像他是万能博士。不明白的人，自然无从证实其虚构，这就叫作吹牛。比方他的事业，并无什么发展，他却说营业得如何稳定，手中的货物如何充分，某批货物赚多少钱，某批生意又赚多少钱，说得大家都不禁有些动心，这同样是吹牛。他与某要人根本没多少关系，他却对人说，某要人如何器重他，某要人如何珍重他，某事曾和他商量过，某事曾由他经手过，把某要人的私生活、起居，描述得十分详细。不遇到该人士，自然不易拆穿，这更是吹牛。

吹牛的动机，有时是表示他的了不起，或是想骗得大众的信任，或者借此提高他的身份，或者借此使他的某种诡计得逞。

他对于有地位、有权力的人，力求接近，巧言令色、卑躬屈膝，专从小处猎取对方的欢心。色示而先应，未命而先趋。凡可以使对方觉得舒适的，无所不用其极。能够直接与对方接近做对方的奴才，侍候奉承，唯恐有失；不能直接接近对方，则做奴才的奴隶，借奴才做接近的阶梯，卑鄙龌龊、无耻之至，这叫作拍马屁。

拍马屁的人必会吹牛，吹牛的人，往往也会拍马屁。拍马屁完全是上谄，吹牛则近于下骄，上谄下骄，正是小人的两种矛盾性格。

你看见世上会吹牛善拍马屁的，趾高气扬，春风得意，也许会产生一种想法，以为吹牛拍马屁是成功的唯一秘诀。不会吹牛、不善拍马屁，虽有真才实学，一辈子也不会飞黄腾达。然而，吹牛拍马屁的人，真正成功了吗？吹牛总有被拆穿的一天，被人拆穿，人将唾弃之。虚是虚，实是实，以虚作实，总有细心人看出他的破绽。等到狐狸尾巴露出，便是原形。所以吹牛的成功是假的，是暂时的。拍马屁的最大成功是找到靠山，然而，他的靠山谁能保其永远不倒。一朝大树倒下，所有猢狲都要散，他岂能独免？有时被拍的人，忽然厌恶他的为人，这不一定是出于觉悟。多数拍马屁是为争宠，而出于倾轧，他被轧倒，再起极难。想另找靠山，谈何容易。从拍马屁得来的成功，能够保存终身的，恐怕世无其人吧！在自我批评的盛大宴席上，为什么每个人都是饿着肚子离开？

在森林里，有3家修道院，它们之间的距离并不遥远，甚至可以说非常接近。

有一天，3个修道士在十字路口碰面，他们每个人都来自不同的修道院，都要从村子回到各自的修道院去。他们已经很疲倦了，因此坐在树下休息，开始聊天来打发时间。

其中有一个人说：“有一个你们必须接受的事实就是，就学问来讲，我们的修道院是最好的。”

另外一个修道士说："我同意，的确如此，你们那些人都很有学问。但是就修行来讲，就苦修来讲，就灵性的训练来讲，你们远不及我们的修道院。你要记住，学问无法帮助你达成真理，只有灵性的修行才能够帮助你达成真理，而就这一方面而言，我们是最好的。"

"你们两个人都说得对，第一个修道院是学问最好的，第二个修道院是灵性的修行、苦行和断食方面最好的，但是就谦虚和无我来讲，我们是最好的。"这是第三个修道士说的话。

你要做到真正的成功，还要靠你的奋斗。奋斗不已，必有所成；实至则名归，实大则声宏，何必还要靠吹牛？当然，宣传功夫也有事实上的需要，但是宣传绝不是无中生有，而是把现有的事情提出其重要点，而加以适当的渲染。当然，联络与你事业有关的重要人物，或多或少与你的事业发展有关系，但绝不是用联络来达到依草附木的企图。联络重要人物，必须以你的事业为出发点，必须保持你人格的清正，所以宣传与联络是你成功的条件，不是你成功的依据。先要有成功的依据，然后才能与成功的条件相配合。没有根据，寻找条件，这不是宣传，而是吹牛。这不是联络，而是拍马屁。拍马屁与联络毕竟还是有差别的，谁都希望成功，然而成功的关键，在我而不在人，在根据而不在条件。

三、看淡名利悠然自得

人生三境界：看远，才能览物于胸；看透，才能洞若观火；看淡，才能超然物外。

虽然世人都知道名利只是身外之物，但是却很少有人能够躲过名利的陷阱，一生都在为名利所劳累、甚至为名利而生存。一个人如果不能淡泊名利，就无法保持心灵的纯真。终生犹如夸父追日般看着光芒四射的朝阳，却永远追寻不到，到头来只能得到疲累与无尽的挫折。其实静心观察这个物质世界，即使不去刻意追赶，阳光也仍旧会照耀在我们身上。

世界上最著名的大科学家爱因斯坦和居里夫人，对大多数人所汲汲追求的名声、富贵或奢华都看得非常淡泊，因此留下了无数的佳话。尽管是国际知名的大科学家，爱因斯坦认为除了科学之外，没有哪一件事物可以使他过分喜爱，而且他也不过分讨厌哪一件事物。据说在一次旅行中，某艘船的船长为了优待爱因斯坦，特意让出全船最精美的房间等候他，爱因斯坦竟然严词拒绝了。他表示自己与他人并无差异，所以不愿意接受这种特别优待。这种虚怀若谷、坦然率真的人品，成为许多人诚心敬佩的对象。

居里夫妇在发现镭之后，世界各地纷纷来信希望了解提炼的方法。居里先生平静地说："我们必须在两种决定中选择一种。一种是毫无保留的说明我们的研究成果，包括提炼方法在内。"居里夫人做了一个赞成的手势说："是，当然如此。"居里先生继续说："第二个选择是我们以镭的所有者和发明者自居，但是我们必须先取得提炼铀沥青矿技术的专利执照，并且确定我们在世界各地造镭业上应有的权利。"取得专利代表着他们能因此获得巨额的金钱、舒适的生活，还可以传给子女一大笔遗产。但是居里夫人听后却坚定地说：我们不能这么做。如果这样做，就违背了我们原来从事科学研究的初衷。

　　她轻而易举地放弃了这唾手可得的名利，如此淡泊名利的人生态度，使人们都能感受到她不平凡的气度。她一生获得各种奖章16枚，各种荣誉头衔117个，自己却丝毫不以为意。有一天，她的一位女性朋友来她家做客，忽然看见她的小女儿正在玩弄英国皇家学会刚刚奖给她的一枚金质奖章，不禁大吃一惊，连忙问她："居里夫人，那枚奖章是你极高的荣誉，你怎么能给孩子拿去玩呢？"居里夫人笑了笑说："我是想让孩子从小就知道，荣誉就像玩具一样，只能玩玩而已，决不能永远守着它，否则就将一事无成。"

　　两位科学大师的非凡气度为拼命追求名利的世人留下了一面明亮的镜子。一个人如果拥有一颗纯真的心灵，在自己应该做的事情之中尽了全力，他的成就自然而然就会显现出来，他理所当然的可以得到应该得到的人间的荣耀。淡泊名利、无求而自得才是一个人走向成功的起点。

　　"问古来将相可还存？也只是虚名儿与后人钦敬。"人，不必那么拼死拼活地去争去抢，去烦恼、去痛苦。不为俗事所忧，不为物欲所累。看淡一切是一种境界，是一种情怀。不知道是谁说过，"快乐，不是你得到的太多，而是你计较的太少。"

人生要碰到无数个的十字路口，要面临无数次的选择，而路只有一条，选择只能是一次，远离悔恨，远离毁灭，珍惜平淡的生活吧。在平淡中，观自然之美；在平淡中，明白事物；在平淡中，感动彻悟；在平淡中，把握自我；在平淡中，兼济天下；在平淡中，拥有许多。

君不见悠悠南山炊烟袅袅，君可见咸菜泡饭亲情融融，悠然自得？淡泊，作为一种人生态度，表现了一种超脱，是一种人生境界。所谓无宁静无以致远，非淡泊无以明志，深刻地表现了豁达与超脱……不为眼前功名利禄而劳神，宁静从容，以静养心，才能渐进人生更深远的境界。

我曾经读过陆游的《一壶歌》，总忘不了他对人生的大彻大悟之语——看尽人间兴废，不曾富贵不曾穷！作为智者，当他看懂人生的盛衰成败之后，自然对得失就不太放在心中了。这大概就是陆放翁的淡泊情怀吧！

淡泊，是一种宠辱不惊的淡然与豁达，一种屡经世事变迁后的成熟与从容，一种大彻大悟的宁静心态。真正淡泊的人，才会坦诚地面对自己、面对世界，坦诚地面对人生、面对感情。真正学会淡泊的人才会做到"任天空云卷云舒，看庭前花开花落"，而永远保持一个真实的自我……

纵览人生，我们不难发现，淡泊犹如一颗耐嚼的橄榄，品味越久，感悟便越多，意味也越悠长。因为淡泊渗透于人生的点滴之中，淡泊是萦绕在人们心灵深处那余音袅袅的古韵诗情。

淡泊是善于把握人生的勇者和智者，在沧海桑田变幻过程中领悟的游刃人生的禅机。元末明初的道士刘伯温，在他帮助朱元璋夺取元朝江山，建立霸业之后，却拒绝分封，悄然弃官，再度隐匿山林。他的豁达，他对人生的感悟，最终使他远离杀身之祸。看来，人生淡泊，也是一种福分。

愿我们与淡泊相拥！

四、平静看待得与失

一位疲惫的诗人去旅行，出发没多久，他就听到路边传来一阵悠扬的歌声。那是一个快乐男人的声音。

他的歌声实在太快乐了，像秋日的晴空一样明朗，如夏日的泉水一样甘甜，任何人听到这样的歌声，都会被马上感染，让快乐把自己紧紧地包裹起来。诗人驻足聆听。歌声停了下来，一个男人走了出来。诗人从来没有见过一个人笑得这样灿烂，只有一个从来没有经历过任何艰难困苦的人，才能笑得这样灿烂，这样纯洁。

诗人上前问候："你好，先生，从你的笑容就可以看得出来，你是一个与生俱来的乐天派，你的生命一尘不染，你既没有尝过风霜的侵袭，更没有受过失败的打击，烦恼和忧愁也没有叩过你的家门……"

男人摇摇头："不，你错了。其实就在今天早晨，我还丢了一匹马呢，那是我唯一的一匹马。"

"最心爱的马都丢了，你还能唱得

出来？"

"我当然要唱了，我已经失去了一匹好马，如果再失去一份好心情，我岂不是要蒙受双重的损失吗？"

有得必有失，有失必有得，何必患得患失？正所谓不以物喜，不以己悲，泰然处之胜似闲庭信步。世间的变化无法捉摸，最好的幸福就是保持淡泊的心，看淡得失亦是善待得失，不要有太多的欲望。世界上的事情如此复杂，又变幻莫测，并非所有的得到都让人羡慕，亦不是所有的失去都让人悲哀，塞翁失马，焉知非福？

人生就如同戏剧，没演完就不知道是喜剧还是悲剧，一幕又一幕，最应该关心的是能否获得一个圆满的结局。生活的本质是平淡，富有智慧的人不会过分在意那些稀罕的东西。

李白失去高力士和杨贵妃得宠的朝廷，高呼"安能摧眉折腰事权贵""古来圣贤皆寂寞，唯有饮者留其名"，成就了享誉诗坛的璀璨星星；陶渊明亦失去了官衔，却在"采菊东篱下"中得到了一份超然，留下了千古诗篇；张继与官场无缘，却让后人时时咏唱"月落乌啼霜满天，江枫渔火对愁眠"。

王昭君在画师的报复下，与大汉君主无缘，最终"一去紫台连朔漠，独留青冢向黄昏。"带着大汉的诚意，踏上了那条荒凉的不归路。从此告别了大汉的豪华宫殿，她失去了那世人眼中的荣华富贵，却得到汉匈数十年的和平与安定以及后人的景仰与歌颂。

人们总是希望更多的得到，不要失去，也许不只是内心的自我安慰，殊不知"舍得，舍得，有舍才有得。"我们又怎么可能避开失去，亦不应该避开失去。要在得失之间保持一颗平和的心。看淡得失，善待得到和失去，多一些宁静，少一点欲望，我们才能超越于得失的庸碌之上。

倘若害怕失去，就要好好珍惜拥有。失去了唯一的帆，也不必向暴风雨屈服，要好好珍惜还剩下的桨，依旧可以到达成功的彼岸；即使失去了青春的宝贵时光，我们也不能向岁月低声下气，好好珍惜我们的壮年与老年，依旧可以创造奇迹。

所以不要总在为了失去哭泣，看不见我们还拥有的，要善待得失，得而不惊，失而不悲，我们才会有更大的收获。

舍得二字虽然简单，太多的人却穷尽一生都无法参透。太多的人只看到了失，看不到拥有的，看不到得到的，更不知道得后失是一个必然，知道舍后得的人就几乎没有了。事物总是相辅相成的，上帝在关上一扇门时，就会打开另一扇门。当你在失去这扇门的时候，你同时就拥有了进那扇门的机会。关键是看你有没有看到那扇门，如果只为关闭的门悲伤，又怎么会看见上帝为你打开的门呢？

当局者迷，旁观者清。当你觉得自己是局外人时，你可能就会觉得豁然开朗，得失就不会那么重要了，很多问题也就迎刃而解了。当你善待得失时，也就把得失看淡，把欲望看淡。得意不忘形，失意亦不失态，烦恼少一些，生活中会洒满阳光。

其实人性的弱点就是缺少一颗平和的心，太注重得失，才会让自己活得很累，很痛苦。不要太在意一分耕耘就必须有一分收获，在付出中收获过快乐就已经是幸福。不要为了无谓的结果怅然若失，喜怒无常，闹心又伤身。

不要把每次的考核看得太重，把它看成是简简单单需要用心去完成的东西就好了，至于考核后的晋升、奖励，何苦看得太重呢？多大的功就要多大的劳。用心了再差也不会过了线，或许卸下了包袱，反而会发挥得更好。很多的时候，越想证明自己，就越是出错，越达不到目的，那是心太急了。在努力，可是时间是有限的，我们做的不是要多大的荣誉，而是把基础打好。用一颗平和的心看待得失，不用被无尽的欲望淹没。

平静地看待一切，善待得失，不要太在意别人说什么。世上本就没有什么完美，为什么一定要对得失做一个评价？完成了，过去了，为何还要去做无谓的衡量。

冥冥中自有定数，不要在算计中和幸福擦肩。

一个人的幸福不是她拥有很多，而是她计较的很少，欲求的很少，珍惜的很多。

拥有宁静致远的胸襟，雍容大度的风度，善待自己的得失，幸福就会像野草一样疯狂蔓延，像烟雾一样占据每一个空间。你看得淡了，幸福就膨胀，欲望若膨胀，幸福就随之变的遥不可及。人的心境不同，环境不同，但祸福相依，喜忧参半，只要克制了自己的欲望，善待得失，就会发现生活中美好的一切，幸福就会像秋收的麦谷一样接踵而来。

只羡鸳鸯不羡仙，黄昏的暮色中，那对相互搀扶着彳亍前行的贫寒老人；那些追逐嬉戏的民工孩童；那双叽叽啾啾歇落林梢的雀鸟；那朵羞答答的夜来香，在我眼里，无不都已幻化成了永恒与幸福的象征。恍然间发现，其实幸福与快乐原本时时存在，人们只是在追逐欲望间，缺少了一份找寻和发现它的心情而已。

有人说：

命运给我颜色，我正好开个染坊；命运给我一地碎玻璃，我何不将它们制成可以跳天鹅舞的水晶鞋。能够如此善待得失，感悟生活的人，相信幸福必定比比皆是。

什么叫作幸福？

就是当你的心对你拥有的一切感到满足时即是幸福。计较太多的得失，使幸福永远都追不上欲望的脚步，当然只能活在悲愤里。玫瑰娇艳却有扎人的刺，牡丹高贵但没有茉莉的清香，梅须逊雪三分白，雪却输梅一段香。要求一份十全十美的全部拥有，要让幸福如何给予？

争一分，山重水尽路崎岖；退一步，海阔天空情舒畅。失去的是身外之物，得到的是身心健康。对于任何事情都要保持自我克制，不要有太多欲望，看淡得失渗透人生。无论事业、生活，计较得失越多，越不容易得到。知足者常乐，通常不开心都来源于不知足，一个人如果欲望太多，得不到的太多，就会不快乐。当把得失看淡，真心付出，才有意外之喜。

善待得失，不要有过多的欲望，珍惜你所拥有的。生活中不缺乏美，而是缺乏发现美的眼睛，不要对得不到的或失去的东西耿耿于怀，凡事看轻些，再轻些；看淡些，再淡些……

只有懂得善待得失，才能懂得怎样去善待自己，才能懂得怎样去善待生活，也才能获得别人和生活的善待，才会拥有幸福的回报。

五、凡事绝不能拖到明天

成功的人士都会谨记工作期限，并清晰地明白，在所有人的心目中，最理想的任务完成日期是——昨天。

这一看似荒谬的要求，是保持恒久竞争力不可或缺的因素，也是唯一不会过时的东西。一个总能在"昨天"完成工作的人，永远是成功的。其所具有的不可估量的价值，将会征服一切。

在新世纪的今天，商业环境的节奏，正在以令人炫目的速率快速运转着。大至企业，小至员工，要想立于不败之地，都必须奉行"把工作完成在昨天"的工作理念。

成功存在于"把工作完成在昨天"的速率之中，有则寓言故事说：某段期间，因为下地狱的人锐减了，阎罗王便紧急召集群鬼，商讨如何诱人下地狱。群鬼各抒己见。

牛头提议说："我告诉人类，'丢弃良心吧！根本就没有天堂！'"阎王考虑一会儿，摇摇头。

马面提议说："我告诉人类，'为所欲为吧！根本就没有地狱！'"阎王想了想，还是摇摇头。

过了一会儿，旁边一个小鬼说："我去对人类说，'还有明天'！"阎王终于点了头。

因为世上没有天堂，你可以丢弃良心；因为世上没有地狱，你可以为所欲为。但这都不足以把一个人引向死亡。也许没有几个人会想到可以把一个人引向死亡的竟然是"还有明天"。

一个连今天都放弃的人，哪有能力和资格去说"还有明天"呢？所以古人说，今日事今日毕。人要学会的不是去设想还有明天，而是要将今天抓在手掌里，将现在作为行动的起点。这样做的时候，你就真正有了明天。可惜许多人到老了才明白这一点。

人有更高的理想，但人生是短暂的，理想最容易因为时间搁浅。明白了时间有限的人，往往会抛开与理想无关的欲求，在有限的时间内实现自己的目标。人要学会的不是去设想还有明天，而是要将今天抓在手掌里，将现在作为行动的起点。这样做的时候，你就真正有了明天。"时间就是金钱"，"时间就是生命"，人们对时间有着高度的重视，但人们却忽略了时间的关键是现在，珍惜时间最重要的是珍惜现在，认为自己时间多着呢，凡事推到明天，那就会一生无所事事。

六、遇事不要犹豫不决

世界上有很多人光说不做，总在犹豫；有不少人只做不说，总在耕耘。成功与收获总是光顾有了成功的方法并且付诸行动的人。

一位智商一流、执有大学文凭的翩翩才子决心"下海"做生意。

有朋友建议他炒股票，他豪情冲天，但去办股东卡时，他又犹豫道："炒股有风险啊，等等看。"

又有朋友建议他到夜校兼职讲课，他很有兴趣，但快到上课了，他又犹豫了："讲一堂课，才20块钱，没什么意思。"

他很有天分，却一直在犹豫中度过。两三年了，一直没有"下"过海，碌碌无为。

一天，这位"犹豫先生"到乡间探亲，路过一片苹果园，望见满眼都是长势苦壮的苹果树。禁不住感叹道："上帝赐予了一块多么肥沃的土地啊！"种树人一听，对他说："那你就来看看上帝怎样在这里耕耘吧。"

在行动前，很多人提心吊胆，犹豫不决。在这种情况下，首先你要问自己："我害怕什么？为什么我总是这样犹豫不决，抓不住机会？"

不要为自己找借口了，诸如别人有关系、有钱，当然会成功；别人成功是因为抓住了机遇，而我没有机遇等。

这些都是你维持现状的理由，其实根本原因是你根本没有什么目标，没有勇气，你是胆小鬼，你根本不敢迈出成功的第一步，你只知道成功不会属于你。

如果一生只求平稳，从不放开自己去追逐更高的目标，从不展翅高飞，那么人生便失去了意义。

美国成功的将军总是拒绝人们画出的分界线，他们向传统的一切提出挑战。他们利用自己的想象力，打破旧的模式，时常让自己的信心得到升华。巴顿曾对自己的下属说："去做一件事，先经过估测再去冒险，那同莽撞蛮干是两码事。"

其实我们并不是建议你去仓促行事，错误地把古怪的行径当作创造行为，我们在此所讨论的只是放开自己想象力的勇气。

这是一条生活准则，从你停止生长的那一刻起，你就开始死亡了。如果在商业中你总是毫无变化地做相同的事，那你就会破产。如果我们的行为同我们的祖先一样，那么进化过程就会停滞不前。世界会与你擦肩而过——它只为那些不断超越现状的人打开通向生活的大门。

当你面临一个好像无法解决的问题时，先研究它。如果仍找不到解决办法时，就放开你的想象力。想象指的是想出不在眼前的事物的具体形象。

不要被重重阻力所吓倒，要时刻都敢想敢做。

行动能使人走向成功，似乎人人都知道，但当人们面临行动时，往往就会犹豫不决，畏缩不前。"语言的巨人，行动的矮子"的人不在少数。

人们害怕行动。由于心态的原因，一行动就想到失败。这种恐惧的心理会摧毁你的自信，关闭你的潜能，束缚你的手脚，使你遇事不敢轻举妄动。

人对于改变，多多少少会有一种莫名的紧张和不安，即使是面临代表进步的改变也会这样，这就是害怕冒风险造成的。行动就意味着风险，因而就出现了左顾右盼、拖延观望等。特别是当形势严峻时，人们习惯的做法就是保全自己，不是考虑怎样发挥自己的潜力，而是把注意力集中在怎样才能减少自己的损失上。

有一种理论说人有自私的天性，原因是出于自我保护的本能，付出就意味着"失去"，而行动就意味着要付出，怕行动就是不愿付出。

因此，行动可以说是一种心态。行动的障碍只有在行动中才能解决。

但丁在《神曲》中描述自己在其导师——古罗马诗人维吉尔的引导下，游历了惨烈的九层地狱后来到炼狱，一个魂灵呼喊他，他便转过身去观望。这时导师维吉尔这样告诉他："为什么你的精神分散？为什么你的脚步放慢？人家的窃窃私语与你何干？走你的路，让人们去说吧！要像一座矗立的灯塔，绝不因暴风雨而倾斜。"

克服犹豫不决的方法是，先"排演"一场比你要面对的复杂的战斗。如果手上有棘手活而自己又犹豫不决，不妨挑件更难的事先做。生活挑战你的事情，你完全可以借此挑战自己。这样，你就为自己开辟了一条成功之路。成功的真谛是：对自己越苛刻，生活对你越宽容；对自己越宽容，生活对你越苛刻。

只要你认准了路，确立好人生的目标，就永不回头，"走你的路，让人们去说吧"。

向着目标，心无旁骛地前进，相信你一定会到达成功的彼岸。

七、闻声识人 观行辨礼

1.累赘的成分

犯错误乃是人之常情。这样说无疑是对的，但是说话总是带"哦"却应该被判以重罪。

对于清除"哦"，有一个怨言，那就是早在它泛滥成灾之前就应该被消灭，因为现在它的子孙后代已经快要占领整个世界了。

"哦"只不过是语言的无数累赘中的一个。

赫姆斯的警告："不要在你谈话的过程中塞入那些可怕的'哦'字。"按照今天的情况，要把这句话改为：为了解除听众的烦恼，不要在你谈话的过程中塞入那些"你知道""你知道"。

"哦"和"你知道"一样都是语言中毫无意义的累赘成分，只不过是添入了些增加停顿的声音。除此之外，还有一些大家常见的累赘成分。如"现在""据说""那么""你知道我的意思""你懂吧"等之类以及喘息、清嗓子和吃吃发笑。

如前所述，清嗓子不仅会刺激说话人的嗓子，而且还会刺激听众的听觉，使他们也想清嗓子。

有位律师，他很烦恼，无论什么时候只要他一讲话，就能发现听众里呈现出一种痛苦的神情。

他说："我很清楚，我的演讲词准备得相当不错，可究竟我说话时有什么毛病呢？"

其实问题很简单，他的毛病就是不停地清嗓子。当他后来认识到这个陋习之后，立刻改掉了。

至于发笑，对未满14岁的人来说是可以原谅的。但如果超过了这个年龄还是不改，就是罪过了。

有位矮小圆胖的中年妇女常带着一种持续的刺耳笑声。

要努力减弱她的笑声，尽可能使之不那么刺耳，最后终于完全改变了这种笑声。为了做到这一点，首先采用贴纸的方法，在纸条上写着"刺耳笑"的地方画上一个大叉子。另外一个办法是让她练习用通畅的呼吸来说每句话。这样，她也就没工夫停下来发笑了。

同时，还采用一个心理上的措施。

因为发笑令人联想起少年时代，清除陋习的前提是要先认识到陋习的存在。事实上，有时只要认识到这一点就足以达到清除的目的了。

贴纸是理想的警告牌。如果发现自己说话时，常带"哦"之类的字眼，你可以把"哦"字写在贴纸上，在上面画个叉或一条线。至少要做6张这样的贴纸，分别贴在你肯定能看到的地方，诸如写字台、炉灶、电话机等上面。并切实按照这个要求去做，要不了几天，你的障碍就会消失了。

2.改变不良习惯以免造成视觉歧途

一位事业发达的房地产公司老板曾坦率地谈起他对于彼尔的

忧虑。

彼尔是他那里最有希望的年轻主管之一，人很机灵，精力旺盛。对公司的贡献也大，而且长得仪表堂堂。可不知怎么回事，他总是让人烦躁不快。

问题出在哪儿？服装样式？还是谈吐？声音？这位老板说不出个所以然来。最后，他还是让彼尔参加举止校正的课程。果然和他说的一样，彼尔是个精明强悍的人。但他的毛病立刻被发现了，那就是他的右手。

那只手在不停地动作，有时像游蛇似的扭动摇摆，有时又像只蝴蝶那样飞过眼帘，再不就同风车叶一般在面前旋转个不停。

在印度舞蹈中，手势就是语言，手借助位置、动作的变化来叙述复杂的故事。同样，聋哑人也是完全依靠手势和身体动作来传达很抽象的意念。如果能正确动用手势，其表意作用是很有效的，尤其是在需要特别强调的地方。但一定是在真正需要的时候才动用，否则只能起到分散听众注意力的作用。并非你每次提到"一"，就要伸出一个手指头；提到"二"，就要伸出两个手指头，因为这些字本身就可以表达意思。如果你的手比你的声音更吸引观众，那么手把风头全抢去了，而它本不应该喧宾夺主。

于是彼尔在课上演讲并进行电视录影时，右手腕上会系一个红色的大蝴蝶结。并且告诉自己："只要你这只手一举起来，你就会看到蝴蝶结，同时，我们也会看到。这样我们就只注意那个蝴蝶结，而不可能专心听你讲话了。"这个办法很有效，他的手终于安静下来。

等他的课程结束以后，他把蝴蝶结带到他的办公室，放在一个玻璃罩里作为警戒物。此后，他就能任意控制他的右手了。

任何人都能够纠正，或者至少可以减少不正确的手势。汤姆·韦克曾在《纽约时报》上把理查德·尼克松在1968年竞选中的手势归纳为："自由泳、斗牛、空手道的劈砍、刺戳上击以及单手投篮等。"同时他也注意到尼克松在当选总统后，把这些缺点都改掉了。

在影响交流效果的身体障碍中，最多见的就是多余的手势。除此之外还有一些，比如有些人老是摇头点头，有些人喜欢舔嘴唇或咬嘴唇，还有的人喜欢心神不定地玩弄手里的铅笔、饰物或者去掉一些根本不存在的线头，其他如身体左摇右摆，骑木马似的前仰后合，狮子踱步一样地来回走，钟摆一般地晃二郎腿以及耸肩膀、撩头发、弹拍桌面、剔玩指甲等。

这些身体障碍多数是因为紧张造成的，而紧张又是谈吐中普遍存在的问题。

著名辩护律师克莱伦斯·达罗有时就运用一项身体障碍，当他的对手向陪审团陈述证据要点的时候，他就在桌边抽着雪茄，让烟灰越来越长，却不弹掉，直到全场的目光都集中到他那支雪茄上，等着烟灰掉下来。他的对手常常因此无心再说下去。

只要一个障碍不是真正的顽症，一般都可以没有痛苦地纠正。如果你说话时总是摇头点头，可以在打电话时在头顶上放一本书，要是能做到打完电话书还没掉下来，那你的问题就解决了。当然，这个练习要在你独自一人时做，否则别人会以为你神经出了毛病呢！

再次重申贴在适当位置的纸条是理想的警醒物，它就像维护你谈吐的保姆。

一家极受欢迎的女性杂志社的编辑请求帮助她改善在会议上发言的效果。她说话时鼻子像兔子一样一皱一皱的，而她自己全然不知。要求她写12张贴纸，上面意味深长地写着"鼻子"两个字，字的上面画了一个叉。

一周之后，她再也不像兔子了。

3.学会用心灵的窗户交流

一位银行业的领导人提起人们普遍觉得银行家是高傲冷漠的这一点时，认为这实在很糟糕。然而，更糟的是，许多正在接受培养、准备将来担任银行业高层职位的年轻人似乎认为本来就该如此。当越来越需要融化冰霜的时候，他们却要冻结起来。现代银行业的人际关系极其重要，领导人应该亲切和蔼而不是冷若冰霜，他问我有没有什么办法帮助那些青年人变得平易近人些。

其实大多数领导人所表现的冷漠，其根源在于紧张和缺乏自信。也许其中有些人是因为固执或专注，而忘记了社会美德。但多数人还是因为根本没有认识到与他人亲切交流的重要。他们没有想到由于缺少关注、赞许的目光，竟使他们和同事、部属隔绝起来，有时甚至连笑着打个招呼他们都做不到。

一些年纪较长的董事却比较易于接近，他们丢掉了升迁过程中伴随着他们的那副严峻面孔，重新变成喜欢开玩笑的人。他们的笑容亲切而平易近人。

改变冷漠表情的捷径是练习直接而愉快的目光交流。如果你正和一位老板或下属谈话，不要左顾右盼或盯视着窗外。要表现出兴趣，并且用目光表现出来，要直接看到人们的眼睛里去。不仅仅是看着而且要看进去。

在所有商业会谈或社交谈话中，应有90%的时间看着对方的眼睛，让自己的眼睛和声音一起同对方交流，并且真正认识到目光交流的意义并不比声音交流次要。如果谈话的另一方不只是一个人，你的目光应该轮流落到每个人身上，并停留5—6秒的时间。在你的目光中应该包含着关注和赞许，而不是茫然或敌意。

有个学生，他的主要问题就是不停地眨眼，像一个出了毛病的霓虹灯。闪烁不定的眼睛使他显得缺少自信心。当他了解到这个问题之后，只用了几个小时就使眼睛的眨动恢复了正常。另一个学生的情况恰好相反，他谈话的时候好像和对方完全隔绝，因为他的眼睛几乎一下也不眨。他是用眼角死盯着对方，看上去像某桩神秘案件里的坏人。引导他增加眨眼的频率后，不久，这种吓人的表情就消失了。

如果你正在与人交谈，但感觉到自己总是躲开对方的视线；如果你说话时像猫头鹰那样盯着人看，或者像个瞌睡的孩子那样使劲地眨眼。请把需要引起你警惕的问题写出来，并且想办法纠正。

4.社交前去掉异味

自己的形象还包括个人的卫生习惯。身上带有不良气味会使对方不快，影响谈话效果。但同时也要避免使用过于浓烈呛人的香水。谈话前的午餐不要喝酒或者吃洋葱。至于大蒜，甚至在前一天晚上就不要吃它。

附带说一下罗萨琳达的一件与大蒜有关的趣事,尽管当时并不觉得有趣。她在百老汇演出的第二出剧目是《罗萨琳达》,那出戏上演了很长一段时间之后,不记得是第十四还是第十五个月时,在剧中与她谈情说爱的那位男高音突然有了吃大蒜的爱好。可以想象,在这种气味里谈情说爱是多么的困难。

后来她终于和他谈了这个问题,他答应她在每次演出前不再吃大蒜。此后几周之内,他们合作得不错。然而,在一个演出前的傍晚,门房送来一个信封和227克大蒜,信封里面一张字条上写着:"请你用它自卫,我忘了。"

在那出戏的第二幕里,男主角将走进罗萨琳达的客厅,穿上她丈夫的绒袍和拖鞋,坐在沙发上,由机灵的女仆阿黛莉亚服侍用餐。晚餐盛在盘子里,其中有一件银器里放着香肠。男主角将掀开盖子,狂喜地嗅着他最爱吃的食物所散发出的香味。为了报复他,她在开幕前偷偷溜进了道具室,把227克大蒜捣碎,通通塞到香肠里面,然后放在烤炉上烤热。

开幕之后,男主角走进客厅,喜滋滋地脱去外套,换上袍子、拖鞋,躺在沙发上等待银盘端来。当他掀开盖子深吸一口气时,他差点背过气去。

但是,她也自食其果。男主角只需说几句话就可以退场了,剩下她一人独自在瓦斯般的气味里挣扎,她把这一点给忘记了。

八、以平常心求进取

　　人生是一个不断奋斗、不断进取的历程。当你由一个蓝领工人晋升为一个白领工人，又进而成为一个拥有一些资产的老板的时候，你是否感到自己的奋斗已经有了不小的成果呢？当然，你渐渐地拥有这一切足以让别人注视你的存在，你也已经能够让自己的家人过上富足安逸的生活。你可以有名贵的衣服穿，有豪华的轿车坐，指挥仆佣或雇工按照你的意志去做，你确实已经拥有了很多。但是，你是否曾经在自己心情放松的时候仔细想过，你已经做得足够好或者说你已经完全拥有能够使自己自立于世的东西了吗？人生的兴衰变幻莫测，绝非你我所能预料。也许正当你准备扩大规模大干一场的时候，你的合作者不知所踪或是你急需的资金迟迟不到位，或者你与对方洽谈失败，或者原料供应不足，或者产品积压滞销。这一切都会搞得你焦头烂额，所有宏伟理想都灰飞烟灭，你辛辛苦苦积攒下来的财富也许在旦夕之间就将化为乌有。也许这一切都是耸人听闻，你听后只会耸耸肩表示自己的漠然，你相信自己有足够的能力。但是，你可曾知道，天有不测风云，人有旦夕祸福，谁能保证灾祸永不降临呢？未雨绸缪的工作，许多人都不屑去做，这只因他们还未被事实警醒。

作为一个成功的老板，不但要练达精干、通达人事，而且还要有坚强的意志和韧性、睿智的头脑和鉴识商机的眼光，此外还需有乐观的态度、与人交善的愿望等，这些都是不可或缺的。如果你想使自己的事业蒸蒸日上，或者你现在还不是一个老板而又非常想成为一名老板，那么你就需要仔细想一下自己是否已经拥有以上的条件。如果你已具备，那么恭喜你，你的事业必有发达的机会。如果你还不具备，或者不全具备，那么不管你现在做什么，不管你是个雇工或者已经是个老板，你都需抽出时间来学习，锻炼自己的能力，只有这样你才能有更多的机会。

但是，聪明的上班族从不会把自己的远大抱负写在脸上，挂在嘴边，而是巧妙地包装起来。一来可以在失败时不会遭人讥笑；二来可以免去周围妒忌的斜眼儿，三来一旦成功，就是不鸣则已一鸣惊人，不飞则已一飞冲天的豪杰了。

所以，你千万要看仔细了，把自己的前程包装得天衣无缝，把自己的野心遮掩得似有似无。这样，任凭多坏的对手也无法成为你前进的羁绊，你自可以闲庭信步，一升到顶。

（一）善于动脑　商机无限

人类历史上杰出的艺术大师米开朗琪罗，无论在雕刻还是绘画上的速度都很慢。他想力求作品的完美，所以他的大部分时间都在那里沉思、推敲、琢磨。

一次，有位友人来拜访米开朗琪罗，看见他正为一个雕像做最后的修饰。然而过了一段日子，友人再度来访，看见他仍在修饰那尊雕像。

友人责备他说："我看你的工作一点都没有进展，你动作实在是太慢了。"

米开朗琪罗回答说："我花了许多时间在整修雕像，例如，让眼睛更有神，肤色更美丽，某部分肌肉更有力等。"

"可这些都只是一些小细节啊！"友人不屑地说。

"不错！这些都是小细节，不过把所有小细节都处理妥当，雕像就变得完美了！"米开朗琪罗说道。

聚少成多，积小致巨。

海立门先生是美国著名的铁路工程师，他这个人非常细心，就连许多人都不屑一顾的小事情，他也能从中发现问题。

一次偶然的机会，他发现铁轨上的每个螺丝钉都有一截露在外面，同事告诉他："因为螺丝钉就这么长。"

"可为什么非要这么长呢？白白露了一截在外面。"海立门又问。

"这些螺丝钉一向都是这样制造的。"同事解释说。

海立门沉默了一会儿，再问："1千米铁轨要用多少个螺丝钉？"

"大概3000个。"

这个数字大大地超出了想象，海立门吃惊地说："太平洋铁轨公司和南太平洋铁轨公司共有铁轨约2万千米，所需螺丝钉约5000万个。就算每个多用铁50克，那不是白白浪费了2500吨铁？"

不久，公司根据海立门的提议改造了螺丝钉，减少了浪费，而且节省了一大笔开支。

不放过任何一个细节，那就是成功的关键。勤能补拙，熟能生巧。

不要以为某些东西利润微薄，你便不屑于制作，这是作为一个老板所应避忌的。所谓放长线钓大鱼，如果你坚持制造生产那些本小利微的商品，你慢慢就会觉出其中的收益来。

当新田富夫最初拆开一只一次性打火机时，他只是对这种新式打火机很感兴趣。而当他发现每一只一次性打火机连续使用1000次，售价却比1000根火柴要低许多时，新田富夫头脑中潜在的那种特有的善于经商的火花一下子被点燃了，生产这种一次性打火机有利可图。

一只一次性打火机也就值个块八毛钱，对于这么一个小商品，一般人都不屑一顾，认为生产它没有什么利润可图。但是做生意就是这样，谁也不愿意去经营的商品你去经营了，你就可能抓住了赚钱的机会。

日本的东海精器公司就是把眼光瞄准了一次性打火机这种小商品，做成了举世瞩目的大生意，产品占领了日本国内一次性打火机市场的90%，在世界一次性打火机市场上成为第二大供应商。新田富夫毕业于一所电气专科学校，善于观察、肯动脑筋的他总是对一些陌生的新产品、各种电器甚至一些新奇的玩具抱有浓厚兴趣。毕业后，他来到一家打火机制造厂工作，当时是20世纪70年代初，日本的打火机市场上还没有出现过一次性打火机。但是细心的新田富夫在一本杂志上读到法国一家公司1970年出售过一次性打火机，出于职业的敏感，他跑了许多图书馆和资料室，弄到两份介绍这种新式打火机的资料，又费尽周折买到几只样机，他开始精心分析研究样机。这种一次性打火机灌好燃料，机身密封非常好，不漏气，而且耐用，携带和使用都比火柴方便。新田富夫算了一下，1000支火柴要花400日元，而一只一次性打火机可以连续使用1000次，其成本可控制在100日元以内，这是多么大的利润啊！他当即决定要仿制生产这种新型打火机。

创业之初没有一帆风顺者，不经历失败的挫折，怎能品尝到成功的喜悦。新田富夫两次与人合作生产，不是因为质量不过关，就是打火机漏气。两次尝试，两次失败，难道就此罢手吗？新田富夫没有气馁，他断定一次性打火机必将慢慢普及，市场前景非常广阔，他坚信自己继续努力研制下去会有突破。为了攻克质量关，新田富夫将市场上各种品牌的一次性打火机全部搜集回来，进行分析对比。为此，还特地去了一趟法国，以获取一次性打火机的最先进的资料和技术。在这里，模仿并创新这一典型的法国式技术在新田富夫的研制中表现得淋漓尽致。日本从美国、英国等引进电视技术后，创新生产了高性能小型电视机；从国外引进照相机、计算机等技术，经过模仿创新后，成为竞争力最强的产品；从法国、美国、德国引进炼钢技术，经过日本人巧妙地取长补短，日本的炼钢技术更胜一筹。功夫不负有心人，新田富夫终于研究出超声波熔接接头，使装液化气的机身高度密封，克服了几乎所有一次性打火机的漏气通病。此外，他还将欧洲同类产品的金属机身改进为透明的塑胶。这样，消费者随时可以看清液化气的剩余量，也消除了对漏气的不安。

新产品试制成功，新田决定独自生产。1972年他启筹500万日元，成立东海精器公司，以"蒂尔蒂·米蒂尔"的牌子推出自己研制的新型一次性打火机，立即受到消费者的关注和好评。

在技术开发与生产中，新田富夫是个内行。在公司的经营管理中，他也显露出超出常人的才能。

新田富夫一开始就为自己的产品找到一个明确的市场定位，面向广大中下层人士。因此，在产品定价上，新田富夫提出一个"百元打火机"的经营宗旨。即打火机的售价为100日元，它比使用价值相同的1000根火柴的价格便宜75%，比它的竞争对手——世界最大的一次性打火机制造公司的"比克"牌售价低50%，新田富夫"百元打火机"的定价策略实在是高明之举。首先，它符合薄利多销的生意经，并不是所有商品都适合套用，一次性打火机这种大众化消费品可以为薄利多销做完美的注脚。其次"百元打火机"投放市场，就以其比同类产品价格低得多的优势策略迎合了当时日本的社会环境。20世纪70年代的日本由于生活费用较高，社会上提倡家庭计划开支，一个男人每天在外喝咖啡要200日元、买报纸100日元、买香烟150元，买个打火机花上100日元还算不上"超支"。

一种好产品要有与之相称的销售途径。新田富夫深知，他的一次性打火机虽然方便适用，却与高级打火机不能比。如果也摆在百货公司的柜台里出售，就脱离了最适合消费它的大众。所以，在制订营销办法时，新田富夫把大众消费者常去的香烟摊、杂货店和车站等公共场所的小店作为主要销售渠道。在产品投产不久后，新田富夫便与东京烟斗公司商谈合作，与全日本25万个销售点建立长期供货关系。这样，东京精器公司的"蒂尔蒂·米蒂尔"一次性打火机的销路很快就在全国打开了。

与此同时,东海精器公司展开了强大的广告宣传攻势。适逢世界拳王阿里要来日本比赛,新田富夫抓住电视台实况转播的机会,投入3500万日元让"蒂尔蒂·米蒂尔"登上电视广告,此举使东海精器公司及其产品知名度大大提高。"蒂尔蒂·米蒂尔"打火机在日本各地的销量急剧上升。此后,东海精器公司每年都要投入3.5亿—8亿日元用于广告宣传,"蒂尔蒂·米蒂尔"成为日本家喻户晓的著名品牌。

为了使打火机的定价不超过100日元,东海精器公司通过不断提高劳动生产率来降低生产成本。在1980年竣工的东海公司富士工厂里,原来的许多人工操作的工序已改革为自动化生产。在电脑控制下,塑料机身,瓦斯控制杆、火焰调整轮、打火齿轮等部件从自动生产线上下来,减少了残次品,生产率大幅度提高。现在,每只打火机总成本降到30日元,出厂价为50日元,市场售价控制在100日元以内已不成问题。

一次性打火机是人们生活中一种微不足道的小东西,多数经营者都不会注意它的价值,只有那些有心人才能在这种小商品上做出惊天动地的大文章。从新田富夫的成功中我们看到,小商品同样能做成大生意,赚取高额利润。其关键在于在经商中要有长远眼光。从当下看没利,并不是永远没利。能不能放开眼界,从近期的短暂利益中走出来是最重要的,吃亏学的经商之道正在于此。

曲尽法度,而妙在法度之外。

绿地四周新建了一座办公楼群。

工程竣工后，园林管理部门的人问大楼的设计者，人行道该铺在哪里。

设计者回答说："把大楼之间的空地全部种上草。"

夏天过后，在楼间的草地上踩出了许多小道，优雅自然。走的人多道就宽，走的人少道就窄。到了秋天，这位建筑师让人沿着这些踩出来的痕迹铺设人行道。

这是从未有过的优美设计，和谐自然地满足了行人的需要。

顺其自然，有的时候可以达到非常好的效果。

（二）以诚待人　信义为先

商业经营中无法回避与客户或顾客之间的关系。这种关系非敌我关系，但也不完全是"同志"关系，因此阴计、阳计都有用武之地。但不可否认，阴计滥用，难免落入奸商之列。不隐瞒自己的缺陷，诚实介绍自己产品的特点，不坑蒙拐骗，往往虽严却奇、似笨实智，最终能牢固地吸引客户和顾客。

每个成功的商人都知道诚信在商业中的力量，把它看作生意前进和发展的一个必要条件，因为要想让顾客买你的东西，首先得让顾客相信你。

在1835年，摩根先生成为伊特纳火灾保险公司的股东。

但是不久之后，有一家在伊特纳火灾保险公司投保的客户家中发生了火灾，如果按照规定完全付清赔偿金，保险公司就会破产。这时，股东们纷纷要求退股。

摩根先生于是开始四处筹款，他卖掉了自己的房产，低价收购了所有要求退股股东的股份，然后将赔偿金如数赔付给了投保的客户。

由于摩根先生的诚信做法，一时间，伊特纳火灾保险公司声名鹊起。几乎身无分文的摩根先生继续维持着保险公司，但保险公司已濒临破产。无奈之中他打出广告：凡是在伊特纳火灾保险公司参保的客户，保险金一律加倍收取。不料客户很快蜂拥而至，伊特纳火灾保险公司从此崛起。

在其他人看来，成就摩根先生的仅仅是一场火灾，而真正让他成功的却是比金钱更有价值的信誉。还有什么比让别人信任你更宝贵的呢？有多少人信任你，你就拥有多少次成功的机会。成功的大小是可以衡量的，而信誉是无价的。用信誉获得成功，你的成功才是满足而辉煌的。

美国亨利食品加工工业公司总经理亨利·霍金士先生突然从化验报告单上发现，他们生产食品的配方中起着保鲜作用的添加剂有毒，虽然毒性不大，但长期服用对身体有害。而如果不用添加剂，则又会影响食品的鲜度。

亨利·霍金士先生认为应以诚对待顾客，毅然把这个有损销量的实情告诉给每位顾客。于是当即向社会宣布防腐剂有毒，对身体有害。

此实情一经宣布，食品销路锐减不说，所有从事食品加工的老板都联合起来，用一切手段进行反扑，他们指责他别有用心，打击别人，抬高自己，一起抵制亨利公司的产品。亨利公司一下子到了倒闭的边缘。

苦苦挣扎了4年之后，霍金士几乎倾家荡产，但名声却已家喻户晓。政府站出来支持霍金士，其产品一下子成了人们放心满意的热门货。

亨利公司在很短的时间里便恢复了元气，规模扩大了两倍，霍金士一举登上了美国食品加工业的头把交椅。

海外有一种叫"汉斯"的番茄酱，其味道远比其他牌子的味道浓。然而在20世纪60年代，却由于流速太慢而引起消费者不满，人们纷纷抱怨这种牌子的番茄酱"倾倒的时间长"，而其他产品没有这种毛病，因而"汉斯"的销路受阻。

面对这种情况，公司进行了认真的思考。改变番茄酱的配方、降低番茄酱的浓度使之容易倒出？但这种方案将使"汉斯"失去固有的特色，公司老板一直坚持以特色取胜的原则。如果为了浓度而改变原有的特色，又仍然使用"汉斯"之名，这显然是对顾客的不诚实。因而老板毅然决定把"流速"与"汉斯"之特色的内情坦诚地告诉顾客。广告中公然宣称"汉斯"是流速最慢的番茄酱。并说明"汉斯"之所以流速慢，是因为它比别的番茄酱浓度高。最后还劝导消费者说，为了保持"汉斯"高浓度及其固有的特色，"汉斯"不准备通过稀释等办法来增加其流速，希望消费者明确浓的番茄酱比稀的味道好这一基本观念。

"汉斯"公司这一"以诚相待"的做法取得了神奇的效果。消费者原本纷纷抱怨的"流速慢"已经不再是产品的毛病，而被看作是优于其他品牌的"汉斯"特色。"汉斯"的市场占有率从原来的19%迅速上升到50%。

人生价值取向，是指人生价值目标的选择与人生态度的基本定向。它从根本上给人指明了应当做什么和应当怎么做。可以说，正确的人生价值取向，能引导和鼓舞人为理想的事业和光辉的人生而奋斗，以获得欢快、美好、充实、富有意义的人生。

价值选择与取向的多元性、多向性、多重性、多层性、模糊性和不稳定性，是转型期青少年价值选择与取向的基本特点。

人生价值的取向应该是：诚信。所谓诚信，即诚实与守信。它是一种美德、一种品质，为我中华民族世代所信奉。正如孔子所说"言必信，行必果"，即"人无信不立"。

记得有一年的高考作文题就是关于人生价值的取向问题的。有一个年轻人跋涉在漫长的人生航线上，到了一个渡口的时候，他已经拥有了"健康""美貌""诚信""机敏""才学""金钱""荣誉"7个背囊。渡船出发时风平浪静，说不清过了多久，风起浪涌，小船上下颠簸，险象迭生。艄公说："船小负载重，客官须丢弃一个背囊方可安渡难关。"年轻人哪一个都不舍得丢，艄公又说："有弃有取，有失有得。"年轻人思索了一会儿，把"诚信"抛进水里。虽然，他在后来的事业上有所成就，金钱源源不断，但由于他先前抛弃了做人最基本的品质——诚信，他最终还是以失败而告终。

"诚信"看似是一种很虚幻的东西，但它却是确实存在着的。世间一切经得起时间与历史考验的东西，都是具有诚信的。它为人们理解、接受。而"诚信"也就成了人类永恒的追求。

人因诚信而立。作为当代中国青年，每个人最重要的是学会做人，至少这是一个有责任感的人。这是一个长远而有意义的品格持续过程，看似简单却对个人和他人乃至社会发展起到极其重要的推进作用。

九、树正才能影子直

　　要使自己的意志在公司内部贯彻下去，使每个员工都能感受到自己的价值，能够心甘情愿为自己的公司服务，你首先要具有影响自己下属的能力。不管是使用自己的人格魅力，还是以身作则地努力工作，你都要使你的下属觉得你值得信赖，值得为你工作。不要总想着你是一个公司的老板，所以只做些必要的上层决策，其实你是和其他员工没有丝毫两样的劳动者，这是你影响下属的首要条件。积极的态度有积极的结果，这是因为态度有感染力。这种态度的一个表现就是热心。爱伯特·呼巴德曾说："没有一件伟大的事情不是由热心所促成的。"好的母亲与伟大的母亲、好的演说家与伟大的演说家、好的推销员与伟大的推销员之间的差别，常常就在于热心。真正的热心并不是你"穿上"与"脱去"可以适合各种场合的东西，它是生活的一种方式，而不是你用来打动人心的事物。它跟大声说话或多嘴无关，是内在感觉的一种外在表示。许多极其热心的人都相当平静，然而他们生命中的每一种素质、每一句语言、每一个行动，都证实他们热爱生命以及生命对于他们的意义。有一些热心的人说话很大声，但是大声并不是热心所必需的，说话大声也并不一定表示热心。根据亚伦·贝拉米的说法，大部分人的态度都被情况控制，而不是用态度来控制情况。如果情况好，他们的态度也好；万一情况不利，他们的态度也跟着不好。亚伦相信这是错误的做法。你应当建立踏实的态度基础，当情况良好的时候，你的态度是好的；就算情况不好，你的态度也仍然是好的。亚伦的故事正好说明了这一点。亚伦参加朝鲜战争回来以后，他母亲要他经营好杂货店。亚伦认为它是一家小店，打开前门几乎会撞到后门边上的柜台。生意还算好，足够亚伦和他的母亲在堪萨斯州的派恩布鲁斯维持生活。亚伦有创业的野心，所以就去找当地的银行家借钱扩充店面。他的本钱虽少但热心十足，终于获得银行家的同意，借给他9.5万美元去盖一个超级市场，开业那天虽然秩序混乱，但相当成功。他的生意不断发展。但后来忽然传出消息说堪萨斯州的派恩布鲁斯是一个开设超级市场的好地方。以后的6个月中，有10家竞争对手分别在当地设立超级市场。每开业一家就抢走亚伦一小部分的生意。不久亚伦的生意越来越少，比当年小商店还少，这种情况真是令人沮丧。这时，亚伦就跟店里的4个人一起接受公开演讲课程的训练。这个课程特别强调正确的心理态度。其中第五节课程讲到热心方面的问题，使亚伦深受启发。从那个晚上以后，亚伦就决定对店里的人要比以往热心5倍。现在派恩布鲁斯的每一个人都知道他。他的顾客走进店门就受到热烈的欢迎，从上到下、从前到后整个态度全都改变了。结果很惊人，短短一个月时间，营业额由每周1.5万美元升为每周3万美元，从此以后一直未下降过。

再来看一下，派恩布鲁斯并没有一下子增加许多人口，竞争者也没有关门，唯一的变化就是他的态度。由于成绩很好，亚伦深深领会到态度的威力。自从多年前开始这样做以后，亚伦到后来拥有了26家相当成功的商店。1974年美国经济严重衰退，亚伦的公司却拥有它历史上最大的营业额与成长率。1976年的营业额更高，达3500万美元。热心是会传染的，所以人事调动率几乎等于零。

相信如果你帮助别人，别人也会帮助你。

有志向的人，即使曾经被人家踩在脚底下，多么怀才不遇，也不会放弃梦想。而是要顺着那些人的裤管爬起来，卓然挺立。

欧洲文艺复兴时期的著名画家达·芬奇前半生际遇坎坷，怀才不遇。

三十多岁时，他投奔到米兰的一位公爵门下，希望他给自己创造一些机会。几年的时间就这样匆匆过去了，在达·芬奇的再三要求下，公爵终于开了恩，决定给这个聒噪的门客一个算不上机会的机会——让他去给圣玛丽亚修道院的一个饭厅画装饰画。

这是一件无足轻重的活，一个普通的工匠即可完成，但是达·芬奇却倾尽了自己所有的力量去进行创作。他白天站在脚手架上，干到暮色沉沉也不肯下来。有时他会抱着肩站在画前，一站就是三四天。

就是这幅原本应该由普通工匠来完成的装饰画，被命名为《最后的晚餐》。在500年以后，这幅壁画仿佛成了一个寓言：巨人如果不嫌弃一块泥土，那么他就能使它变成黄金。不积跬步，无以至千里；不积小流，无以成江海。事无巨细，亲力亲为，方成大事。

（一）勇于承担责任

一个人必须为自己的过失承担责任。

美国前总统里根，童年时有过一段佳话。

那是在他10岁的时候，小里根个性非常活泼，从小就是小伙伴中的中心人物，大家都很喜欢跟他一起玩。有一天下午，他跟几个小伙伴在居住区里踢足球，一个不小心，球飞了出去。只听到哗啦一声响，小里根想，肯定砸碎玻璃了。

几个小伙伴都吓呆了。隔壁的这家人非常富有，他们所用的东西都是最昂贵的，就连窗玻璃也是一样，小伙伴们都劝里根赶紧跑，只要不被这家人抓住就没事了，大不了丢一个球呗！可是小里根拒绝了，他认为，既然事情是自己造成的，就应该担当起这个责任。

于是，里根恭恭敬敬地按响了邻居家的门铃，主动承认错误。邻居虽然很生气，但是一看到他诚恳的态度，就说不要紧，你还是个小孩子，就不要赔了。但是里根很坚持，问清了玻璃的价格，就回到家跟父亲商量。

他对父亲说："您先借我12.5美元，让我赔偿邻居家的玻璃；最多一年，我就将钱还给你。"父亲答应了，于是这个男孩开始了艰苦的打工生活。有时是送报纸，有时是帮附近的邻居做些杂务，总算在一年内挣足了12.5美元，还给了父亲。

晋升为主管级的你，有没有害怕自己变成"武则天"？所谓"人不思己过"，在你的位置上，大概很难做到客观，许多时候成了霸主而不自知。

有些女白领会给女主管封上"女魔王""变态者""女霸王"等诨号，以显示她们对女主管的厌恶和不满。

你当然不想落得如此地步吧？

其实，你也做过下属，也曾服务过女主管，应该很清楚她们的感受。只要设身处地为下属想想，凡事体谅，肯定就能搞好上下级的关系。遇上心情欠佳时，尽量控制自己的脾气，不时告诉自己："我是在办公室，不能让私事影响工作。即使刚受到老板的质询，毕竟这种公事问题，与下属无关，迁怒他们也于事无补，还会对我造成不良影响。"

记住你对下属的承诺、委托和任何指示。经常食言，只会让下属对你失去信心，工作起来又会畏首畏尾。如果真的是工作繁忙，记忆力欠佳，奉劝你写下来，待有需要时翻查。

做一个可爱的女主管并不困难，问题是你能否控制自己。

有位女朋友荣升主管，开心之余，便匆匆跑去问人家有没有什么做主管守则。

不错，切勿让一时的风光冲昏头脑。做一个好主管，可要注意不少事项，检视各项原有的办事方式。最要不得的想法是"我这个主管，将要令整个部门耳目一新"。

对各方面尚未了解清楚，就一意孤行要改革，恐怕吃亏的是自己。

请谨记，对下属一定要大公无私，人人平等才令下属信服。

有些新主管，事无大小都亲力亲为，因为没有耐性，对下属的工作能力不信任。别忘记，一个称职的主管，有责任去训练和督导下属以及分配工作给他们。

勇敢地承担责任，懂得功成身退。那就是当事情出了问题，你要承认那是你的错；当事情进展良好，应归功于下属的努力。

建立权威，不随便开玩笑。要使你的命令会被好好执行，在你领导下，任何事将无往而不利。下属对有自信的老板必然另眼相看。

做 个好榜样。作为统帅，却常常迟到早退，试问这如何能叫下属信服，准时上班下班，为你拼搏呢？

（二）团结下属

相传佛祖释迦牟尼曾问弟子："一滴水怎样才能不干涸？"弟子冥思苦想："孤零零的一滴水，一阵风就能把它吹没，一撮土也能把它吸干，它的寿命能有多长时间呢？怎么会不干呢？"……弟子都回答不上来。释迦牟尼说："把它放到江河海洋里去。"

个人只有置身于集体中时，才能充分体现自己的价值，使自己青春永驻、流芳千古。无论是仁人志士，还是英雄伟人，其力量和贡献比之人民群众，只能是有限的。必须树立人民创造历史的唯物主义观点，尊重群众的首创精神。任何有成就的人都来自群众，应把自己看作是群众中的普通一员，不然就会如离开大海的"一滴水"，失去光泽和活力。人，是生活在一个集体之中的，不可能以个体的形式生活在社会上。

多一个朋友，就少了一个敌人。

相邻的梁国和楚国水土条件相似，所以这两国都出产瓜。

梁国人很勤奋地浇灌他们的瓜田，所以瓜都长得又大又甜。

楚国的人却十分懒惰，很少去灌溉他们的田地，所以瓜都长得既不好看也不好吃。

然而楚国的人嫉妒梁国人的瓜种得好，常在夜里破坏梁国人的瓜田，造成不少的损失。梁国人气不过，求助于当地的县令宋就，希望能够准许他们也过去破坏对方的瓜田。

宋就说："彼此结怨如何了得。何必心胸狭窄到这种程度呢？"他反而命士兵每晚都偷偷地去浇灌楚国的瓜田。

楚国人十分惊讶有人灌溉他们的田地，加以追查，才知是梁国人所为。楚国县令把这件事告诉了楚王。楚王一方面很惭愧国人的表现，一方面也很称道梁人的做法。从此两国结下了很好的友谊。

内讧比外敌更加可怕。

一个善于打猎的人在湖边布下网，许多鸟儿都纷纷落网。这些鸟都很大，带着猎人千辛万苦布下的网飞走了。

猎人不顾一切地跟在鸟儿后面跑，希望能追回自己的网，还有网里的那些鸟。一个农夫看见了说："你跑到哪儿去呀？你能用一双地上跑的腿追上天上飞的鸟吗？"

猎人并不气馁，而是回答："如果只有一只鸟，那我是没办法把它捉住，但像现在这样，我是十拿九稳的。"然后继续向前追去。

后来证明果然如此。因为天一黑，那些鸟儿便各自要朝自己的方向飞回去。一只要去森林，一只要去沼泽，一只要去田野，到头来各不相让，就联网一起掉到地上。猎人正好赶到，便把它们全部捉住了。

刚升为主管的你，却发现主管不易当，因为有不少难题要面对。

最头痛的是下属中有些"老油条"，他们服务公司多年，对公司的制度、作风比你还清楚。要命的是他们自诩经过风浪，对许多事都自以为是，根本不把你的话听入耳里。

加上"地位"稳固，莫说超时工作，即使平日做事也十分散漫，教你暗暗气结。这类人的心理状况是可以理解的，也是不奇怪的。随着年龄的增长和对环境的熟识，而失去了干劲，是许多人的毛病，你不能用自己的水平去要求别人。

"你做事颇有经验，就是欠主动一点。"

"我很欣赏你的努力工作，如果能把工作弄得有条理，我相信你的个人能力更能发挥。"

"与客户周旋，一定要花些时间，你应该有耐性一点，也要圆滑一点。"

真诚、中肯，下属必然"受教"。

团结就是力量，即使你位高权重，有时候对下属坚持的意愿也得妥协。

举个例子，身为公司行政经理的你，接到某部门员工的联名意见书，力指该部门主管的种种不是。一时间，你必然是有点不知所措。就此向老板提议把此人"炒鱿鱼"？还是佯作不知，希望事情不了了之？

两种做法都不当。既已晋取主管级，此人对公司一定有分寸，绝不能草莽行事。但群情汹涌，事件是不可能不了了之的。

不予理会，最后只会令矛头指向你，那不是太愚蠢了吗？

应该采取一个双管齐下的办法。先约见部门主管，跟他研讨，究竟员工的不满在哪。清楚每一个下属的能力、工作态度，从而理智地分配工作，使各项任务得以顺畅进行，圆满完成，是作为一个主管的基本素质之一。

把好固定、变化少的工作交付给老臣子去做吧。由于他们经验老到，做起事来轻松又很少出错，教你没有后顾之忧。

至于那些较年轻的新人或干劲仍在的下属，则要尽量鼓励，制造一些和平的团结精神，令整个部门富有生气地向各大目标行进，这是一个精明主管的做法。

（三）适当加薪和关注下属

做一个受欢迎的老板谈何容易！明明跟下属关系良好，但一不留神，可能猛地被扣了分。

某女士最近就有这种烦恼。那就是她掌管的部门，在公司的不断扩张下，最近接到更多的任务。于是她在跟上层开会之余，又得把工作合理地分配给下属，忙得焦头烂额。最叫她不安的就是发现下属的脸色开始不好看，对指派的工作也似乎欠努力。她对于下属为什么如此，更是一头雾水。

如果不予理会，恐怕情况会一发不可收拾！问题并不很深奥，这位女士全心全意为公司效力，却忽略了下属的感受和利益，因此下属对她不满。

的确，工作增多，人手却不变，对员工实在是不公平。公司方面没有补偿行动，身为老板的，应该为下属争取！

当然，不是说每多一份工作，就要多一分报酬。但合理的加酬，是受雇者应得的。一个处处为下属着想，敢于为下属出头的老板，才会被下属视为可佩服、可效力的老板。

有些人生性古怪，常被人戏谑。在办公室里，这种人并不罕见。你的下属中，正有一人是古怪者。他的缺点就是同事间茶余饭后的笑柄，而他则永远是一副无可奈何之貌。

作为老板，有权去分配工作或进行奖罚，但却没有权去阻止下属寻开心。

可是，下属玩得过分所带来的恶果，对你却有直接的影响。试想，不和的下属办起事来必然不顺畅，心病日久，可能连工作也被当作报复的工具。

所以，做老板的切莫加入下属的阵营，针对某下属的弱点，讪笑其行为。

当某下属受到其他同事的围攻，以其缺点作为讪笑对象，如指其肥胖，反应迟钝等，说些难以入耳的话。做老板的要做一些功夫了，当大家讲得兴高采烈时，请摆出较严肃的面孔道："这项工作的期限快到了，各位可以合作一点，集中精神去做吗？"转移其目标，等于间接对下属伸出援手。

人与人之间的关系，本来是十分微妙的，尤其是有利害冲突的同事之间。如果都是年少气盛，就容易酿成大大小小的纷争。

作为一个主管，下属间因公事发生纠纷，实在是颇普遍、又令人头痛的事情。只是，你仍得去面对和使之圆满解决。一旦将公事矛盾变成私人恩怨，恐怕日后在工作上就会成为难以解开的结。

　　但记着，你不应该是和事佬，负责排难解纷。而是要使工作在任何情况下，都能顺畅地进行，员工能发挥其最佳效率，让成绩不断攀升。

　　所以，你不能容许有人阻碍你的工作。

　　事情越来越不妙，你有必要调节两人的纷争，公正乃是大前提。让员工晓得，身为老板的你，关注他们的感觉。有些人常喜欢批评，其实目的不在改变事实，也许他在私人时间或公事方面，皆缺乏聆听者，需要发泄自己。所以耐心地听他的投诉，然后告诉他："多谢你对公司的关心以及宝贵意见，在可能的范围内，我会做出适当的改变的。"不必做出承诺，只要表示你的关注。

　　不妨重复对方的意见："你的意思是……"确定没有弄错，但却切忌立刻做裁决，更要避免与对方争辩，那只会把事情弄坏。

　　若事情实在不妙，你最好表态，就是说明什么是可以办的，什么是你不能容忍的。要是对方死缠不放，可以告诉他："我已经将问题重复考虑，又已跟你说过，是无法一朝一夕解决的。我看你可以做的是停止找麻烦，尽快返回工作岗位。"

　　作为主管，你就是伯乐。只有懂得用人和驱使下属勇往直前，才是一个成功的主管。

　　有些人颇具潜质，而且有自知之明，随着时间的流逝，自己有了一定的工作风格和奋斗目标。可是你有位员工，深具领导者的才能，可以做你的左右手，但此人似乎欠缺自觉性，你有必要去催促他，让他建立自信。尊重员工的意见，多制造由他发表意见的机会，并表示极大的兴趣，乐于与之沟通，对他的分析予以支持和鼓励。

既然是器重他，请切忌用不屑或命令的口吻说类似的话："你若想成功完成此任务，最好这样做……"任何人对此都会反感。要进行指导课程，请拣选适当的地点和时间。

地点必须是不受任何妨碍，不受骚扰的。例如，午饭时在走廊就绝不适宜。最好在下属的办公室里，气氛会好很多。

时间要更为谨慎。例如在一个行政会议后，千万别立刻举行，员工尚在紧绷状态，必然不能接受任何指导。但也不可拖延太久，否则员工早把问题都忘掉了。

即使在最忙的时候，也别忘记关心你的下属。有些老板心目中，认为下属只是"马仔"，既然收了钱财，挡灾是应该的。

这种想法彻底错误，如果下属也只是把工作当作是例行公事，你以为你的业绩会怎么样？

当发现某位下属近日神不守舍，或者疲态毕露，你或许会在心里嘀咕，工作一大堆，他怎么还是推也推不动的，叫人干着急。

其实，每个人都会有高低潮，下属这种表现有两个可能性。一是私事上有解决不了之事；二是工作过多，喘不过气来。无论是哪一个原因，下属当前最需要的是休息。

请算一算，是硬要他疲惫地花两天时间去完成一项任务划算，还是放一天假，让他充足了电，用半天时间完成同样的任务划算呢？

召见下属，关心地说："你近日精神不佳，是工作太忙吧？倒不如休息一天。我相信后天一定可以见到神采奕奕的你！"

若下属是为私事，他一定在内疚之余，又感谢你的关心以及提醒。若为公事，他同样以有你这个精明细心的老板而高兴。

12月是一个既欢乐又烦人的月份，大部分老板在这期间给下属填写表现报告，作为加薪升职的指标。

有些白领觉得这与下属的前途、经济相关，反正自己不是老板，就"手松"一些。

这种做法不值得赞许，因为对各方面人员都没有好处。

首先，老板加薪不会只看你的报告，他还得考虑公司的经济状况以及各部门支出的平均性。最重要的是他不会特别信任你的评语。

还有，你对每一位下属的各项评价，都是"很好""不错"或"一般"，即十分平均。你以为老板看了，会有什么想法？大抵认为你没有做工作，甚至怀疑你的阅人能力，对你有无法估计的坏影响。

对于下属而言，没有突出的，也没有欠佳的，谁愿意自动自觉地拼命？何况经济效益又不见得太好。奖罚分明是最好的催化剂，令每个人乐于谨守岗位。

所以，今年当你埋头做报告时，请摒除私见，客观地给每一个下属评分，让他们公平地得到报酬，也表现一下你自己的眼光。

（四）正确对待别人

作为部门主管的你，时常会遇到困难，所以必须懂得"见招拆招"。

某位下属，在年关向你递辞职信。究其原因，你明白此君只是大跳其"草裙舞"，这是一件不简单的事，你可要潇洒地面对。首先，衡量一下此人对你、对公事的重要性。如果你真失去了他，等于失去一只手；或者某些事，只有他才能应付自如。那么，唯有与之谈判，做出让步，在一定程度上满足他的愿望，例如升职、加薪等。但奉劝升职还是慎重，以免暴露自己的弱点。而且，请对方将所得好处保密，一来减低众人的妒忌心，二来以免开错例。同时，请从这一分钟开始，削弱此人的权力，把某些重大任务交付另一人，中止其"势力坐大"。

要是此人的重要性不太大，索性让他离去好了。"一次不忠，百次不用"。"向钱看"的人不可能忠心。而且，你的决绝，正好告诉所有人，你有信心领军，不容有异心者。这件事有一个教训，就是你应检讨一下，平日分配工作是否过分倚重某些人？看来，你要做出改变了。

有一位女士对某下属的工作十分不满，却因自己不是老板，被迫忍受。

她苦心苦面地表示："她所做的，根本就不合我要求；但我无权解雇她，唯有凡事亲力亲为。"其处理手法大有问题：

1.既然不合要求，身为领导，有责任去督导下属，令其工作成绩合乎要求，协助你完成任务。

2.只有老板才有权解雇员工。但此人既然属你管辖，那么你就有向老板报告其能力的义务。一个主管的责任之一，是要善于任用人才。

3.凡事亲力亲为，即使不应做的也做，等于浪费公司的资产。因为你精力错投，可能使公司的业绩有损，对你自己是得不偿失。

那么，正确做法是什么呢？

召见下属，将你的感受相告，婉转地说明你的要求，并指导他如何改进。放耐心点，每个人的接受力和潜力是无法估计的。

要是任务迫在眉睫，没有时间等下属去改进，不妨另想折中办法。向老板申请聘用一个临时工，协助某些业务；又或者将实情转告老板，由老板做出决定。

你不是下属肚子里的蛔虫，即使你平日跟他是如何投契，甚至称兄道弟。但一个不小的问题发生了，下属执行某项任务时绝对失职，公司方面十分不满，有辞退这人的念头。这时，作为他的好友兼老板，自然觉得责任重大，有必要为他四处奔走，力挽颓势。

不错，身为主管，有义务保护和照顾下属。但在此种情况下，请你还是保持冷静，将事情分析清楚。首先，请排除"好友"这个包袱。一旦有了无形压力，你一定不够客观。事实上，站在公事立场，是没有同情这回事的。

其次，请你召见下属，请他把事件的来龙去脉讲一遍。告诉对方，若有任何隐瞒，只会令你无法伸出援手。

好了，面对老板，由于明白错在下属，你无法为他申辩什么。倒不如把下属过往的良好记录和杰出成绩拿出来，提醒老板这是一个人才，偶尔失误，仍该给予机会。何况你若失去这个得力助手，工作上可能会不太顺畅。

记住，你应向公司负责而不是向下属负责，与义气无关。老板做出怎样的裁决，都应该遵守，你也问心无愧。

有一个下属，生性反叛，又自视过高，常叫你哭笑不得。例如，你吩咐他执行某个任务，但他进行的过程，竟与你的意愿背道而驰，结果任务不能如期完成，而且与预期的效果相差甚远。你满腹怨气，但对他大发脾气，既有失你的尊严，大家关系恶劣，于事无补，且又自制绊脚石。看来，你该下一些功夫了，就是"再教育"这位下属。

选一个早上，刚上班不久，招来下属，开门见山与他探讨已完成的任务。记住，说话的技巧十分重要。开始的时候，要自然而诚恳："我知道你为这个计划花了不少时间和心思，这是十分难得的。"表示了欣赏后，请对方也谈谈感受，然后问他在工作过程中，有什么困难。若对方有实质的问题提出，请将它们记录下来，因为这些问题可能发生在任何任务上，同时显示你的关注。最后和颜悦色地表示你的"心情"："要是你老早依我的方法去做，问题可能会少些。"或者日后你执行任务，有什么新主意，提出来商讨，所谓一人计短二人计长呀。

公司的制度有了某些程度的变动，你接到老板的通知，你掌管的部门要减少一个人，并由你决定把何人调离。

你当时感到十分烦恼，因为每一个下属都有其特长，最重要的是你与下属早已建立了关系，公事上合作愉快，私底下的交情亦不俗。但你必须做出抉择！

请撇开私人感情，眼光放到公事的实际需要上。有几个因素得考虑，公司的人事部署将如何？生意策略有改动吗？你的部门是否工作方针有变？

知道了自己的需要，再细心分析众下属的工作能力、性情、耐力和其他潜质。到了这个时候，相信你已经可以取舍。

然后便是重要的一步了，如何去跟被选中的下属讲清楚，而不致对方心生怨恨。

告诉对方："公司最近在某方面有变动，各部门的人手也要做出配合。考虑到你向来忠于工作，对公司的制度十分清楚，加上你不单对本部门的工作熟悉。所以让你投效别人部门，你或许会有更好的发展。"

此时态度诚恳最重要。

（五）小小奖励奏奇效

做个明察秋毫的主管，让下属心服口服，是成功主管更上一层楼的条件。

除了与下属打成一片、有良好的私人关系外，在公事上表现得精明过人、决断过人，更加重要。

最能表现这种情操的时候，莫如在主持会议之际。请注意以下几点：

在一定时候弄清楚发言在说些什么，不妨重复道"你可以清楚阐述一次吗"或"×××就是令你困惑的问题吧？"旨在使与会者精神更集中。把一干人等的意见加以归纳，把重点重申：

"大家认为……所以可以决定采取以下的办法……"把意见统一，避免多余的唇枪舌剑。随时表现你对发言者的欣赏，多说"唔，不错""很有趣哩！"等，表示你在倾听，而且有鼓励性。然而，在提出批评前，千万别打断他的说话，既没礼貌，又影响会议气氛。只是要特别留意发言者的言下之意，不妨多反问："你究竟是同意，还是不同意呢？""你觉得那是件不公平的事？"还要留意对方的身体语言，"有诸内形诸外形"，言谈举止多少可助你深入了解。

管理阶层的工作之一是排难解纷，作为一个主管，如何才能公正地处理纠纷呢？

首先，请把情况弄明白，将麻烦分类。那是属公事，还是私事性质多一点？是与整家公司有关，还是只与你管理的部门有关？

从各方面了解事情的实际情况。什么时候发生的呢？起因怎样？谁参与其中？什么条例或程序应该起作用？以前是否有类似事件发生过？这事发生后，有什么当时和遗留的问题呢？

写下各种可能解决问题的方法。不妨参考报纸杂志的旧方案，甚至资料中公司的各项方法。仔细考虑每个方法的可行性。不要忽略每一个在脑海中掠过的方法，但要够客观，切忌先入为主。

计算每一个可行方法的成效。独立分析每种方法所消耗的人力物力以及对任何人造成的不利或益处，以免"医得头来脚又痛"。

像计数一样，把每个方法的好处坏处罗列，以便做出全面比较。好了，到了这个阶段你必然很容易就能断定应采用哪一种方法。

人非圣贤，孰能无过？在错误发生的时候，教育的最好方法不一定是严厉的惩罚。

杰比是一名优秀的飞机技师，他曾给无数架飞机加过油。临退休时，他获得了"全美最佳加油手"的称号，可杰比却说："是鲍比·胡佛给了我这个荣誉。"

鲍比·胡佛是美国著名的试飞驾驶员，年轻的杰比上班后的第二个月，给胡佛的试飞飞机加油。年轻的杰比有着年轻人同样的毛病：对待工作漫不经心。结果，本该给那架螺旋桨飞机加别的油，杰比却鬼使神差地加上了喷气机用油。

当鲍比·胡佛驾驶这架装上喷气机油的飞机飞上蓝天，试飞完毕后，即将返回的途中，意外果真发生了。由于飞机的两个引擎同时失灵，鲍比·胡佛的生命顿时命悬一线。值得庆幸的是，鲍比·胡佛的驾驶技术高超，最后终于勉强着陆。

事后，杰比得知事故因己而生，顿时吓坏了。他想，一顿臭骂肯定是少不了了，更要命的是他将失去这份难得的工作。

"你骂吧。"杰比挺起胸膛，用不在乎的语气对胡佛说道。

鲍比·胡佛笑了，他拍着年轻人的肩膀说："谁没有过失误呢？除非他是圣人！为了证明你的工作是合格的，我想请你明天为我的飞机加油！"此时，一股热流涌上了杰比的心头。从此，杰比为任何飞机加油，再也没有出现任何差错。

想让别人真正地感知你，就要在关键时刻触动他们的心。并让他们相信你时刻都是这样的，只是没有表现出来而已。

日本的许多中小企业在经济大萧条时期纷纷破产，关门大吉。一家酱菜店也受到很大的冲击，尽管举步维艰，但老板仍坚持经营着。

老板不甘心就此失败，他命人去苹果产地预先订购一批苹果。在成熟以前用标签纸贴在苹果上，当苹果完全变红之后，揭下标签纸，苹果上就留下了一片空白。

老板从客户名录中挑选出大约200名订货数量较大的客户，把他们的名字用油性水笔写在透明的标签纸上，请人一一贴在苹果的空白处，然后随货送给客户。结果几乎所有客户都对这种苹果感到惊讶和感动。因为客户们认为商店真正地把他们奉为上帝并且放在心间，所以，这家酱菜店不但没倒闭，还扩大了生产。

一个小小的苹果救活了一家店，千万不要小看这小小的温情苹果，它是一种关怀和温暖。

同样的道理，当我们处境艰难、四面楚歌的时候，不要用同样的冷漠和不满去回应周围。如果我们送给周围的人每人一个温情苹果，想想，谁不带着微笑回报这一个红红的甜苹果啊！

一位新聘的下属已经过了试用期，但你始终觉得他做事欠努力，也没有学习精神，对公司各方面完全不关心。看来，他是志不在此。

可是，你既不是老板没有权解雇他，何况他也并没有出差错。

不错，他这样的工作态度，多少对你有不妙的影响，而且工作成绩欠佳，又会感染其他下属。但你唯一可以做的是保护自己。

下属既已取得应得酬劳，他就有义务做好分内事，所以不可以不交付任何工作。而是应该教会其应负的责任，而且加倍注意催促他"准时交货"。只是你心里明白，不能倚重他。

还有，作为主管，你有责任经常提醒下属，他的权利和义务。

当然最重要的是随时得有心理准备，一旦他辞职，应做出何种安排。

例如，他是营业员，平时就该多注意外面的市场，甚至物色适合人选。她是打字员，有哪些同事可暂代？如果一切改变来得越不突然，对你的不良影响就越少。

人天生有惰性，如果没有种种规则的掣肘，就很容易一发不可收拾。

例如，下属们全都习惯了每天上班迟到，叫你头痛不已。

本来，只是有一两个害群之马，还容易处理。因为属个人问题，私下警告，或做出某些程度的处罚，就已经足够，不致影响整个小组的运作。

然而，像传染病一样，所有人皆对迟到不以为意，甚至习惯成自然。要一下子矫正过来，就绝不容易了。因为一旦犯众怒，可能把小事变大，造成下属对你不满，以致凡事不合作。

可是，就让他们习以为常，上头必予你压力，老板会认为一切是你领导无方。

好了，既不能施硬功，有什么软功可行呢？

不妨设一个奖励，例如勤工奖等。同时在开会时告诉下属，老板不欣赏超时工作，提醒下属准时上班，就能准时完成工作。

软硬均不奏效，可以采取一个小计谋，就是每天准时在上班时间召开一次小会议。既美名为一天之始的小聚，亦可检讨过去一天有哪些问题，反复强调下属不能迟到。

（六）处事要果断

处理难题是当主管的重要任务之一。记着永远做"好人"是没有意义的。缺乏勇气，有时候徒有权力反而让机会白白溜走。

无论做什么事情都要有始有终。如果三心二意，这山望着那山高，将一事无成。

在生活中，要学习很多本领。但是光有了本领还是不够的，还要有把握机会的能力，不能把握机会、空有一身本领发挥不出来也是没用的。只有把握住恰当的机会，才能让本领转化为真正的生存技能。同时也不要高估自己的本领，那样会一无所得。

从前有一个国王，非常羡慕别人百发百中的射箭本领，于是他便找来一位射箭高手来教导自己射箭的技法。国王在掌握了基本要领以后练习了很长时间，慢慢地他便感觉到了自己的进步，于是又兴致勃勃地练了一些日子。直到有一天他感觉自己已经得心应手，发挥自如了，便找了一个好天气，邀请他的臣子一起去郊外打猎，以便能显示一下自己射箭的技艺。

到了指定地点以后打猎便开始了，士兵们吹起号角，把树林里的动物惊吓出来。最先出来的是一群野鸭，扇动着翅膀拼命地飞。国王拈弓搭箭正要射的时候，发现随后又跳出了几只毛色光润的羊。一只羊的价值可比一只野鸭的价值高多了，为什么不射羊呢？国王心里想着便把箭指向了羊。可是就在这个时候却有一只漂亮的梅花鹿仓皇地跑出来。国王想，羊是比较常见的，梅花鹿可是比羊珍贵的，于是又把箭指向了梅花鹿。谁知道这时候又有一只矫健而罕见的大鸟从树林里直飞出来，这只鸟吸引了很多人的眼光。国王想，既然这么多人都注意它，那么我就把它射下来吧，也能显示出我射箭的本领高强。但是当他刚抬起箭的时候，那只鸟已经飞得很远，转眼便消失了。

当国王有些失望地转头寻找的时候才发现，梅花鹿、羊、野鸭都不见了踪影，他不得不无奈地放下箭。

看来做事情把握机会是非常重要的，没有目标更是会让人迷失方向。

如今，你大有可能失去一个得力助手。因为依据公司的老规矩，他要在大手术后立刻上班。但助手希望可以多休息一个月，否则宁可请辞。

一切依据规定，最不幸的是你自己。因为你要处理大堆的工作，即使立刻聘到新人，你依然得做教导者，头痛万分。

难道没有折中的方法？天下没有不可能之事，只怕有心人。

据理去找老板周旋。不必兜圈子，直接痛陈利害："×××是一个难得的人才，供职公司多年。一向表现出色，我有许多重责早已放心地交托给他，如果没有他，我要白白花工夫是小事，公司的损失是无法估计的啊！"

同时提出你想到的妙法："我看让他多休息两三个星期，让他养精蓄锐，相信重回岗位时，他会更起劲更投入。这段时间，我提议请一个临时工，由我分配他做些简单工作，应该没有问题。"例是可以破的，视乎你的说服力而已。

有些主管面对脾气火爆的下属，会有不知所措之感。因为明知不能姑息，否则必有不公平的情况出现；却又感到难以控制对方。尤其是当此人犯了错误，作为老板的必须予以批评。

一般人在受到批评时会表现出愤怒，是一种保护自己的自然行为而已。所以你要做的是压抑其怒火，令他真正面对自己的错处。

不妨在召见他时先说："我明白你是个成熟的人，不会因为我的批评，而怒不可遏。"

其次提醒对方，你虽然对他这次负责的任务不满意，但并不等于你不肯再给他发挥的机会。重要的是，他要有进步的表现。

若是对方依然怒目而视，仿佛要发火了。那么休息一会儿，大家迟些再继续谈吧。或者说服他平静地坐一会儿，然后慢慢谈论事件。并告诉他，他的愤怒会令其他人也受影响的。

不过，最重要的就是你万万不能因不堪刺激而大发脾气。你能把自己的怒火压抑下来，才能令对方的愤怒和自我保护情况改善。

努力练习，让自己永远保持冷静吧！

每个人都是一个独立的个体，每个个体都有自己独立的性情、目的和行为方式。如果个体与个体之间毫不相干，绝无瓜葛，那么大可不必顾及别人的反感而我行我素。然而社会上的个体，或多或少总是与他人有联系的，尤其是自己要完成一个重大的目标任务时，更需要赢得别人的好感、支持。要赢得别人的好感和支持，像杨广那样甘于暂时委屈自己，收敛自己的个性，主动迎合他人脾性的做法应该是最为明智的一种。商业竞争中，个人之间、企业之间的排斥性更大。那么为了借助别人或别的企业的力量，当然更需要使用暂时委屈自己以迎合对方口味这一智谋。对于一个企业家来说，由于他始终要借助他的员工来达到自己发展企业的目的，因而使用这一计谋往往已不是一时应急，而成为一个永恒的信条了。

华尔连锁店是美国第四零售商店，拥有员工两万多人。1970年公司的销售额竟从4500万美元剧增至16亿美元，连锁店面也从19家扩展到330家。公司的创办人华顿是取得如此巨大成功的幕后决策者，他总结成功秘诀时只有一句话："我们关怀我们的员工，宁肯委屈自己。"

自1962年起，华顿每年都要巡视每个连锁店。在他的带动下，公司经理们把大多数时间都花在11个州的华尔连锁店里，经理办公室实际上空无一人，办公总部简直像个无人仓库。

有一次，华顿连续几周失眠。他干脆起床，清晨四点半便来到了下属的批货中心，站在货运甲板上一直和工人聊天，并根据那里的工作条件，当场决定安装两个淋浴棚子。员工们都体会到了老板对他们的关怀。

还有一次，华顿到得克萨斯州的蒙得皮雷森镇，下飞机之后，他告诉飞机驾驶员在100千米外的路上等他。然后他挥手拦住一辆连锁店的卡车，乘卡车完成了100千米的行程，同卡车司机一直聊到目的地。

华尔公司的老板宁肯委屈自己，也要关心员工，创造让人开心、自信、积极参与的环境。结果是老板投之以桃，员工报之以李。公司上下成千上万的职工都养成了高度奉献精神。最终得到最大利益的，当然还是甘于曲己以顺众心的公司老板华顿先生。

（七）面对困难

在生活中或者是追求成功的过程中，我们十有八九不会一帆风顺，一定会遇到困难，碰到瓶颈，也一定有"头撞南墙"的时候。要怎么样去面对？

《动物世界》的画面上一只凶猛的豹子在追逐一只豪猪。广阔的草原上，豪猪在前面拼命地奔跑，豹子在后面紧追不舍。经过一番搏斗，尽管豪猪又一次从豹子的嘴里逃脱，但它的后腿和背上已经被豹子撕咬得伤痕累累，鲜血直流。在我看来，这只豪猪不一会儿就将葬身豹口了。

猎手和猎物继续在奔跑追逐，眼看凶猛的豹子就要再次把锋利的爪子刺进豪猪的背里。这时，让我万万没有想到的一幕出现了，正在奔跑的豪猪忽然一个180°大转身，把头对准了正迎头赶上的豹子。这时的豹子一定和我一样，根本没有想到会出现这种情况。豹子一愣神的当口，豪猪已经猛然顶了上来，一下子把比自己大几倍的豹子顶了个趔趄。戏剧性的一幕出现了，受到了攻击的豹子没有了先前的霸气，只是低吼着，看着充满怒气、大有要和它拼个你死我活的豪猪，而不敢贸然进攻。

得到短暂休息的豪猪又是一个转身，往前飞奔而去。这次豹子追击的速度明显没有先前那么快了。当追到一条河流的时候，豪猪毫不犹豫地跳了下去，生性怕水的豹子只好放弃了这顿美餐，悻悻地走了。

这个结局，相信是很多观众都没有想到的，就像那个豹子一样。

在这场生死搏斗中，作为弱者的豪猪之所以能够在最后关头胜出，是因为它没有一味逃跑，而是选择了在危机的时刻回头面对危险和困境。

在人生的旅途上，人人都会碰到困难险阻和一时无法逾越的鸿沟。这时，很多人会选择逃避。其实，一时逃避并没有错，因为在逃避的过程中可以借机积蓄力量和想出更好的办法。正所谓忍胯下之辱，图东山再起。但错的是人们一旦逃避了，往往就一味逃避下去，忘记了回头对自己处境感到绝望的同时也放弃了最后一搏的勇气。实际上，你逃跑得越快越远，困难逼得就越紧越急；而你一旦回头，也许发现事情原来还有另一种可能。

在逃避苦难的过程中选择回头，是一种更大的智慧，也需要一种更大的勇气，而这正是能否扭转局面的关键所在。不迷失自我的本质，转变一下思维，常常会更容易攀上成功的顶峰。

河流在沙漠的这一端，它听说在沙漠的那一端就是埃及，那里非常美丽。于是，它就立下了一个理想：总有一天，它要穿越沙漠，到达沙漠的另一端。为了实现理想，它不断地向沙漠延伸着。每前进一步，就有一部分身体消失在一望无际的沙粒里。干燥而充满空隙的沙粒像海绵一样，吞噬着河流的身体。

一只鸟飞过，看着河流的行为，忍不住停下来警告它："河流啊，你要是再这样下去，只会被整个沙漠吞噬掉，或者顶多在沙漠的一角变成沼泽。最终成不了河流，到不了埃及。"

"可我一定要穿越沙漠。"河流着急地说。

"那我帮你出出主意吧！你可以拜托太阳和风来帮忙。先让太阳把你蒸发成一朵轻盈的云彩，这样你就可以让风捎你越过沙漠。等到了埃及的时候你再从空中凝结成雨水降下来，雨水汇集到一起，又可以再变成河。这样你不就实现了愿望了吗？"鸟儿高兴地说。

没想到河流却犹豫了，它为难地想了又想说："可是这样做，我就会失去自我，那我还是不是一条河流呢？"

"你还是你啊，只不过是经历一个变化过程罢了。有时候你也不能太死板，稍微变换一下形式就能轻松地实现目的，你的本质还是那条河流啊。"鸟儿劝道。

河流前思后想，没有别的法子，就依了鸟儿的主意，成功地到了埃及，实现了自己穿越沙漠的愿望。此后，河流还依靠着这个法子，游遍了全世界。

遇事无难易，而勇于敢为。

逆向思维可以让你在同类人中脱颖而出，就像所有人都去河对岸淘金，而你却去摆渡一样。过河的人不一定淘到金子，但你却获得了成功。

美国建筑业在第二次世界大战后迅速发展，造成泥瓦工人供不应求的状况。由于工程多、工人少，所以每个泥瓦工人的工资已涨到每天15美元。

一个叫迈克的工人看到报上刊登了许多"征泥瓦工"的广告，而他却登了一则"你也能成为泥瓦工"的广告，打算培训泥瓦工。他租了间门面，请了师傅，教材是1500块砖和少量的砂石。那些想每天挣15美元的工人蜂拥而至，使迈克很快就获得了3000美元的纯利，这相当于他自己去当泥瓦工200天的收入。

迈克以其独特的思维方式使他迈进了管理者的阶层。

迈克的事例告诉我们，在思维认知上面要敢于突破人云亦云的求同思维方式，遇事不应考虑"大家都做什么？"或"大家怎么做"，而应该考虑"大家都不做什么"或"大家还有什么没有做"。寻找大家都不做的，那才是一种求异思维，一种创新意识。正是在大家都不做的那个特异所在，才可以挖掘出商机，挖掘出实现自己人生价值的丰富源泉。

坐在餐厅的角落位置，一个企业家正独自一个人喝着闷酒。一位热心人走上前去问道："您一定有什么难题，不妨说出来，或许我能帮上您的忙。"

企业家看了他一眼，冷冷地说："我的问题太多了，没有人能帮我的忙。"

这位热心人立刻掏出名片，要企业家明天到他的办公室去一趟。

第二天，企业家依约前往。这位热心人说："走，我带你去一个地方。"企业家不知道他葫芦里卖的是什么药。

热心人用车子把企业家带到荒郊野地，两人下了车。热心人指着坟场对企业家说："你看看吧，只有躺在这里的人才统统是没有问题的。"企业家恍然大悟。

只要有问题，就有存活的希望；只要敢于正视问题，解决问题，就可以前进。请在一生中的每一个时刻都记住这样一句话，不可遗忘。成功不是外在的风光，是内心的平和自在，是自我认定，是心的飞扬。人可以有权有势，风风光光地活，也可以不在乎世俗评判、让自己快乐生活。快活不快活很多时候只在于自己心里怎么想。

所谓绝境，只是自己击垮了自己，丧失了重新战斗的勇气。

他是一个经商的人，一次投资失误欠下一大笔外债，精神几乎崩溃，萌生了为生命画上句号的念头。内心苦闷的他，独自来到农家亲戚处小住，让自己最后品味一下人间的恬静。

在这个农家生活圈子，正是8月香瓜满园的时节。守瓜田的老人热情地为他这远道而来的城里人摘了几个瓜，他出于礼貌吃了半个，并随口夸赞几句瓜甜。

老人受到赞扬，心里格外愉快，便滔滔不绝地说起他种瓜的不易。4月播种，5月锄草，6月打权，7月守护……流过大把大把的汗水，自然少不得流泪水。瓜苗出土时便遭大旱，他挑水浇瓜用断过10根扁担。瓜儿坐胎收获在望时，一场洪水把瓜秧泡成了"瓜汤"……老人说，跟老天爷打交道，少不了要吃苦受气，可只要你不低头，咬咬牙，挺一挺也就过去了。

商人走时，在瓜棚前的小板凳上，压了一张百元的钞票。打这以后，他始终记得种瓜老人的话：缠树的藤子灵活而轻巧，可它一辈子抬不起头，身上没有硬骨。

5年后，一个大型现代化企业在商人所在的城市里崛起。

事业是挫折这根蔓上结的一个瓜，苦瓜还是甜瓜，往往取决于人的耕耘程度。

给自己一个赢的机会，给他人一个用的理由。在生命的转弯处，调整好坐标，继续扬帆远航。

那一年的9月27日，杰克弹尽粮绝，狼狈得连温饱也不能撑起。在经过一家大酒楼时，他停住了。有很久了，他不曾吃过一顿有酒有菜的饱饭，这是多么令人向往的一个愿望啊。他心中忽然升起一股不顾一切的勇气，便推开门走了进去，选了一张靠窗的桌子坐下，然后从容地点菜。但只简单要了一份鱼香肉丝和一份扬州炒饭，想了想，又要了瓶汉斯啤酒。

吃过饭，他努力做出镇定的样子对服务员说："麻烦你请经理出来一下，我有事找他谈。"经理很快出来了，杰克问他："你们要雇人吗？我来打工行不行？"经理显然愣了："怎么想到这里来打工呢？"杰克恳切地回答："我刚才吃得很饱，我希望每天都能吃饱。我已经没有一分钱了，如果你不雇我，我就没办法付饭钱。如果你可以让我来这里打工，那就有机会从我的工资中扣除今天的饭钱。"经理忍不住笑了，打个手势向服务员要来杰克的点菜单看了看说："你并不贪心，看来真的只是为了吃饱饭。这样吧，你先写个简历给总经理，看看她可以给你安排个什么工作。"

就在这样的勇敢前提下，杰克开始了在这家酒店的打工生涯，历尽磨难，他从办公室文秘做到西餐部经理，又做到酒店副总经理。

再后来，杰克通过集资，开起了自己的酒店。

《古兰经》上有一个经典故事。有一位大师，几十年来练就一身"移山大法"，然而故事的结局足可让你我回味——世上本无什么移山之术，唯一能移动山的方法就是：山不过来，我就过去。

现实世界中有太多的事情就像"大山"一样，是无法改变的，或至少是暂时无法改变的。"移山大法"启示人们：如果事情无法改变，就改变自己。

　　如果别人不喜欢自己，是因为自己还不够让人喜欢；如果无法说服他人，是因为自己还不具备足够的说服能力；如果顾客不愿意购买自己的产品，是因为还没有生产出足以令顾客愿意购买的产品；如果还无法成功，是因为自己暂时没有找到成功的方法。

　　要想事情改变，首先得改变自己，才可以最终改变属于自己的世界。山，如果不过来，那就让我们过去吧！

　　强者把困难当作暂时的不便，只有弱者才会把这种不便当作不可逾越的鸿沟。

　　弗尔钦在一家度假旅馆打工，在那一年的夏天，他做上夜班的服务台值班员。他当时22岁，年轻气盛，桀骜不驯。

　　有一段时间，员工饭菜都是千篇一律的香肠、泡菜，而且仍要持续下去。弗尔钦就把所有不满和期望一股脑儿向夜班查账员薛格门·沃尔曼宣泄，并痛骂了20分钟，还不时拍打桌子、踢椅子。

　　"听着，弗尔钦，你现在听我说。不是小香肠和泡菜，不是老板，不是厨师，也不是这份工作。你知道你的问题在哪里吗？"

　　"那么我的问题到底在哪里？"

　　"弗尔钦，你以为自己无所不知，但你不晓得不便和困难的分别。若你弄折了颈骨，或者食不果腹，或者你的房子起火，那么你的确有困难，其他的都只是不便。生命就是不便，生命中充满种种坎坷。学习把不便和困难分开，你就会活得长久些，而且不会和我这样的人惹烦恼。"沃尔曼的话使弗尔钦茅塞顿开。

自那以后的30年里，弗尔钦每遇挫折，被逼得无路可退，快要愤怒地做出蠢事时，脑海中就会浮现一张忧伤的面孔，不紧不慢地问他："弗尔钦，这是困难还是不便？"

这句话被弗尔钦叫作"沃尔曼试金石"，事实证明，它的确能够试出人生际遇中的金子。

很多时候，人们生活在假象之中。但真相就在面前的时候，又无法走出假象的阴影。

生物学家把鲮鱼和鲦鱼放进同一个玻璃器皿中，然后用玻璃板把它们隔开。开始时，鲮鱼兴奋地朝鲦鱼进攻，渴望能吃到自己最喜欢的美味。可每一次它都"咣"地碰在了玻璃板上，不仅没捕到鲦鱼，而且把自己碰得晕头转向。

碰了十几次壁后，鲮鱼沮丧了。当生物学家轻轻将玻璃板抽去之后，鲮鱼对近在眼前唾手可得的鲦鱼却视若无睹了。即便那肥美的鲦鱼一次次地擦着它的唇鳃、不慌不忙地游过，即便鲦鱼尾巴一次次拂过了它饥饿而敏捷的身体，碰了壁之后的鲮鱼再也没有了进攻的欲望和信心。

几天后，鲦鱼因为有生物学家供给的鱼料，依然自由自在地畅游着，而鲮鱼却已经翻起雪白的肚皮漂浮在水面上了。

这一个有趣的实验已经属于曾经，许多年后不再需要尝试了。

美食唾手可得，鲮鱼却饥饿而死，这的确可悲可笑。然而，生活中你是否也当过那一条"鲮鱼"呢？一点点风浪就使我们弃船上岸，一个小小的打击就使我们放弃了一切梦想和努力……

面对近在眼前的已被抽掉"玻璃板"的"鲦鱼"，没有去

"再试一次"。许多时候，失败的真正原因正在于此。

在生命濒临灭亡时，痛苦的到来无疑是一针强心剂。

著名作家詹姆斯·米切纳还是个孩子的时候，居住在一座苹果园隔壁。他家的门前也有一棵年迈的苹果树，这棵苹果树是那么老，以至于连续几年都结不出一个苹果来。米切纳的父亲以为这株树生了病，于是找了一个富有经验的园丁来诊治。

老园丁四下看看，然后对米切纳的父亲说，这棵树并没有生病，它只是太老了。老园丁拿出锤子，在树干上深深地钉入了几个长钉子。

当年秋天，一个奇迹出现了——这株老树竟又长出丰硕的红苹果来了。

当时，米切纳非常奇怪，不知道这究竟是怎么一回事。这位农民告诉他："把生锈的钉子钉进树干内，犹如给了它阵阵震动，并提醒它，它的任务是要长出苹果来。"

这件事给了米切纳很大的震动。后来他曾经做过心脏外科及左髋关节置换等手术。

他经常对朋友们说："这些疼痛，就像是几枚钉子钉进了我的躯干内，并在不断地提醒我，我的工作就是写作，写作，永远都不止息。"他是这样说的，也是这样做的。即使最后他到了80岁，仍坚持不懈地写出了不少优秀的作品。

一个法国城市的偏僻小巷里，被人们挤得水泄不通。

大家眼见一位五十多岁的男人，拿出一瓶强力胶水，然后拿出一枚价值5000法郎的金币。他在金币的背后轻轻地涂上一层薄薄的胶水，再贴到墙上。不久，一个接一个的人都来碰运气，都希望自己能揭下墙上那枚金币。

来来往往的人很多，最终没有任何人能拿下那枚金币，金币始终牢牢地粘在墙上。

原来，那男人是个经营强力胶水的商店老板。由于他的商店位置偏僻，生意很不景气，他便想出了一个奇妙的办法：用他出售的胶水把一枚价值5000法郎的金币粘在墙上，谁能揭下来，那枚金币就归谁。

就像他所预料的那样，果然没有一个人能够拿下那枚金币。但是，却让大家认识了一种强力胶水。

从此，老板的商店每天顾客盈门，胶水自然是供不应求。

当你让痛苦停泊的时候，幸福就会在别处靠岸。因此，在人生的道路上，无论顺流、逆流都不要放开拉纤的手。

父亲递给吉米一根绳头，看看天说："你运气不错，今天顺风顺水，上路吧！"

这是吉米16岁那年的情景，如今仍历历在目。

太阳照在串场河上，父亲在前，他在后。长长的纤绳跳跃着，闪着金光，船头犁开一道道波浪，轻快地向前。天有不测风云，下午风向突然掉转了，纤绳越绷越紧。前面是串场河和斗龙河的交汇处，水流湍急，浊浪排空，船像被什么定住了似的，拉不动了。

"用劲！"父亲吼道。他学父亲的样子，将纤板斜在胸前，身子往前趴，手攥着纤绳，使劲，使劲，再使劲。啪，绳子断了，两人摔倒在河岸上。

"把那根粗的放下来！"父亲从地上爬起来，朝船上的人喊道。粗纤绳迎着风浪飞来，接住，拉紧，深深勒进他们的肩胛。

　　然而，他总是想，人生如河，生命如舟，命运如纤，只要紧紧攥住命运的纤绳，就没有过不去的"岔路口"。假如它断了，那就再换一根。也许会有那么一天，他会像父亲那样背着纤绳倒下不再起来，那也没什么。因为他在通往未来的路上，已留下了一份壮丽，一份辉煌！

　　面对现实，不要忧虑，然后想点办法。人世间的许多奇迹就是这样被创造出来的。

　　8年前，医生宣告奥尔嘉患上了癌症，将不久于人世，而且会很慢、很痛苦地死去。奥尔嘉还很年轻，她不想死，但她却走投无路。绝望之余，她打电话找到她的医生，哭诉内心的绝望。医生有点不耐烦地打断她说："奥尔嘉！难道你一点斗志都没有吗？你要是一直这样哭下去的话，毫无疑问，你一定会死。既然你碰到最坏的情况，就该面对现实，然后想点办法。"就在那一刻，奥尔嘉发了誓，她的指甲深深地陷入了肉里，而且背上一阵发冷："我不忧虑，我不会再哭泣。如果还有什么需要我常常想的，就是我一定要赢！一定要继续活下去。"每天她都要经受超长时间的X光照射。虽然奥尔嘉感到骨头像岩石一样从身上撑出来，两只脚重得像铅块，可她却不忧虑。她果然再也没哭过一次，而是面带微笑迎接所有痛苦。愉快的精神状态的确有助于抵抗身体的疾病，奥尔嘉经历了这个奇迹，她从没有像现在这么健康过。她也永远铭记医生的话："面对现实，不要忧虑，然后想点办法。"

　　成功者，不是因为他们拥有超人的智慧、显赫的身世，而是比我们更多了一些坚韧和信念。在不幸与苦难面前，他们从来不自暴自弃，而是百折不挠，奋力拼搏，正确诠释了成功的秘密。

一日，一个人去见一位智者。

"请问，怎样才能成功呢？"那个人恭敬地问。

智者笑笑，递给他一颗花生："它有什么特点？"他愕然。

"用力捏捏它。"智者说。

这个人用力一捏，当然被他捏碎的是花生壳，却留下了花生仁。

"再搓搓它。"智者说。

那个人照着他的话做了，毫无疑问，它的红色的种皮也被搓掉了。只留下白白的果实。

"再用手捏它。"智者说。

他用力捏着，但是他的手无法再将它毁坏。

"用手搓搓看。"智者说。

当然什么也搓不下来。

"虽屡遭挫折，却有一颗坚强的百折不挠的心，这就是成功的秘密。"智者说出的话非常朴实，却蕴含着深刻的哲理。

人生旅途上，顺风的时候少，顶风的时候多。

乐观的人看到了事物的发展趋势，而悲观的人只看到了事物的反面影响。

约翰有一对孪生儿子，但是他们兄弟俩的性格正好相反，哥哥总是皱着眉头，一副悲观的表情；而弟弟则是整天带着微笑，乐观得过了头。看到两个儿子这样约翰很苦恼，他决定对儿子的性格进行改造，即使不能改造，调节一下也好，让他们不要过分悲观也不要过分乐观，事情走向极端总是不好的。

想了很久，可能环境会起到很大的作用。于是约翰给哥哥买了许多颜色鲜艳、造型漂亮的玩具，然后又把弟弟带到了一间堆满马粪的车房里。

第二天早晨约翰来看他的两个儿子。

约翰问："你为什么不去玩那些玩具呢？难道它们不够漂亮、不够好玩吗？"

哥哥说："我怕把它们玩坏了。"他在低声哭泣着，看到约翰来了马上哭得泣不成声。

约翰叹了口气轻声说道："没关系的，坏了之后我会再送给你新的玩具。"

约翰来到车房，有些吃惊地问弟弟："你在干什么？"因为他发现孩子正兴致勃勃地在马粪中掏着什么。

弟弟转过头高兴地说："爸爸，我想马粪堆里一定还藏着一匹小马呢！"

约翰无可奈何地摇摇头说："祝你成功。"

到了中午吃饭的时候，约翰把一瓶饮料分成两瓶给兄弟俩。

哥哥说："我不喝了，只剩下半瓶了，喝了就没有了。"

弟弟说："真是太好了，我竟然分到了半瓶。"

成功一定伴随着失败，二者是相互依附的，失望是生活中常有的现象。有人能较快地克服失望情绪，有人却长期为失望情绪所羁绊。

1.坚信爱迪生的名言："失败也是我需要的，它和成功对我一样有价值。"失败是一种"强刺激"，对有志者来说，往往会产生增力性反应。失败并不总是坏事，也没有什么可怕的。面临失败，不能失望，而是要找出问题症结，寻求进取之策，不达目标不罢休。

2.脚踏实地地追求奋斗目标。如果对外语一窍不通，却期望很快当上外语小说翻译。发展结果同你原先的期望不符合，期望越是过高，失望越是沉重。应该追求同自己的能力相当的目标。有时候，目标虽然同自己的能力大小相符合，但由于客观条件的影响，也会招致失望情绪。这时更应注意调整期待值，减少失望情绪。比如评职称，或许你的实际能力已经达到某个职称，但由于某项职称的人数比例有限，你没有评上。这时要调整内心期望值，使之与现实相符，这样便能很快克服失望情绪。

3.期望应该具有灵活性。不要把期望凝固化。生活中，期望不只是一个点，而应该是一条线、一个面。这样的好处是：一旦遇到难遂人愿的情况，我们就要有思想准备放弃原来的想法，追求新的目标。当然，这不等于"见异思迁"。比如你去剧场听音乐会，你原先以为自己喜爱的歌唱家会参加演出，不料他因病不能演出，你当时会感到失望。如果你这时把期望的目光投向其他歌唱家，你就会抛弃失望情绪，逐渐沉浸在艺术美的境界中，内心感到欢愉。

4.期望应该具有连续性。有些人的失望，是由于把期望割裂了，以致"毕其功于一役"。当"一役"难以如愿时，就深感失望。世界上固然有一帆风顺的"幸运儿"，而更多的却是命途多舛、历尽艰辛的奋斗者。爱迪生先后试制了一万多次才发明了灯泡，无疑，其间至少也失败了万把次。倘若爱迪生不把自己发明灯泡这个期望，看成是一个连续的过程。不要说一万次失败，就是一百次失败也足以使他望而生畏，知难而退了。要提高克服失望情绪的能力，就要增强自己承受挫折的耐力。

一分汗水一分收获，人的成长像树一样，要想从一棵树苗长大成材，必须要经过风吹日晒的洗礼，雨雪冰霜的锤炼。

一位铁匠终日以打铁为生，后来收下一孤儿为徒，仍旧继续着不变的生活。渐渐地，面对枯燥平淡的劳作，徒儿开始不安分起来。他郁郁寡欢，常暗自叹息自己的苦命、卑微和永无出头之日。

师傅看出了徒儿的心思，便想办法启示他。

一天，师傅偶得一铁杵，将其断为三截。留下其中最好的那截，另两截便投入炉火中焙烧。烧至火红，钳出来，师徒二人轮番锤锻，终于打制成宝剑的雏形。虽已成形，却甚为粗劣。师傅命徒儿留下一个，将另一个又投入火中烧红，再取出锻打。这一把剑坯经再三锤锻后，剑身笔直挺拔，剑面平顺光滑，但仍不是一把真正的宝剑。

夜里徒儿累了先睡了，师傅把剑又细致地砥砺了大半夜。第二天徒儿醒来时，师傅交到他手上的已是一把寒光闪闪、削铁如泥的利剑。

师傅让徒儿带上宝剑、剑坯和最初截下的那段铁杵去集市卖。很快，剑坯卖出去了，得3两银子；过了一会儿，一个农夫买走了铁杵，得1两银子；而那把宝剑因为它的品质和师傅的惜售，价钱扶摇直上。

此时，徒儿顿有所悟：本是3块相同的顽铁，锤炼和砥砺却改变了它们的命运和价值。人生何尝不是如此呢？

（八）迂回战术

你已经当上一名领导者，工作多得连你自己都大吃一惊。不要以为你把这些工作大包大揽就会获得老板的欣赏和下属的感激。其实，事实正好相反。

经过多番努力，你终于获得老板的认同，将你擢升为主管。

刚刚升职加薪的你，在一阵飘飘然之后，心理竟又蒙上阴影。因为眼前满桌是工作，有待你去逐一处理。头昏脑涨，有"老鼠拉龟"之感。

看来要超时工作几个星期，才能把工作全部完成。

但一个成功的主管，不需要自己做全部工作，而是让下属有效地完成任务。

懂得适当地安排、管理和委托工作给下属，是一门很有讲究的学问。若能成功地启发下属的创作才能和工作潜能，你便会有更多时间在公司决策方面努力，为自己的事业铺砌更美好的大道。

最重要的一环是注意交托工作的手段：

首先，要使下属了解工作的完成标准。例如，告诉对方一个新消息需要通知所有客户，让他明白工作紧急性，做事能有所先后。

多征求下属的意见。所谓集思广益，让下属发表己见。一可鼓励参与兴趣，二可启发思考，三更能建立自己的民主形象。

其次，是一旦交托工作，就不可随便收回成命。即使下属犯了错，也不应把任务夺回或转交其他人，这样太不尊重对方了。

事实上，身为主管有责任在恶劣情况下跟下属并肩作战。所以，采取诱导方式更加合适。

经常将工作交托，使下属知道这是正常的而不是偶然加重工作。又保持开放态度，鼓励下属若遇困难先跟你讨论一下。

此外，必须密切注意工作的进度。成绩突出，自要赞赏一下。如果欠理想，应循循善诱，保持下属士气，他们才会对你心悦诚服。

因为你是一个公司的主管，所以你必须将自己的意志贯彻到全体员工的头脑之中。是畅通无阻地接受执行还是施以重压才会接受，这在很大程度上取决于"命令"的方式。

此处将介绍业务上指示、命令、要求等辞令的技巧，为了避免给人"强制""逼迫"的感觉，使用这些技巧的确是必要的。

暗示型——即让对方在内心产生"自我意愿"，时时暗示对方，由对方自行说出"如果这样做会很好"，此时你立刻可说"那么就由你来负责如何"。

后补型——即利用暗示型，引诱对方说"如果没有人愿意做，再叫我好了"。此时因没有明确的指令，任何人都可以，故不会造成负责者的心理负担。

以身作则型——这种说法适用于大家都不喜欢或可能带有危险性的工作分配，此时领导者要以身作则地说："让我们一起去做吧！"

民主型——带有"可商量"的口气，如"这项工程非常重要，我需要几个得力的助手，是否有人愿意参与？"是属于一种民主式的说法，尊重他人的选择。其人格受到重视，自然产生意愿。在下达命令、指挥属下工作时，应避免带有"摆布"的语气，例如"你把柜子的东西清一清吧！清好了再将窗户擦干净"，"自己的桌子也收拾一下"如此颐指气使的态度，会使属下有种被摆布、类似傀儡的感觉。此时，如果能事先告诉员工"今天董事长要来巡视我们这家分公司"，再顺便说"因为时间紧迫，希望各位动作迅速，赶紧将办公室整理一下"。如此一来，就可避免公司员工心里的疑惑及可能产生的抱怨了。在即将派任员工工作时，事先告知为什么有此要求，为什么如此做以及期望达到的程度，都能因为预先沟通好而避免许多无谓的困扰。

命令或指示如能在愉快且积极的行动中完成是最好不过的。但是如想使对方产生积极的意愿，可将命令式的口气改以"询问指示"，效果将大大地改变。如原本要说"你将这件公文画成简单的图表"，不如改成"你看这个文件制成怎样的图表较能明白表示？"尊重他人的意见远比要他信服自己来得容易，何乐而不为呢？

从未直接对客户说"请买车吧！"这句话的L先生，竟能突破一个月69辆汽车的销售记录，令大家非常钦佩。据说在与客户交谈之中，客户说7句，他往往只说3句话而已。并且颇能运用"吓唬性"，如"月底车辆涨价，涨幅可不低哟"；"引诱性"如"还可以参加旅游欧洲的摸彩呢"。因为他认为如果频频讲解车辆性能、售价便宜等，并催促顾客"赶快买车吧"反而会引起顾客反感。

在谈话过程中，不时将利益或目的表露的人，有时却"适得其反"。而能够善用"隐喻法"的L先生，无论如何不会说出

"那就赶快买车吧"那么明显又直接的话。他通常多是和顾客聊天,再适时地加入某些具引诱性或鼓励性的言辞,而不是一味推销产品。此外,请顾客给予一些对商品及售后服务的意见和批评,此时顾客必会仔细考虑到"商品本身",从里至外、彻头彻尾想过一遍,于是"商品"就在不知不觉中进入了顾客脑海中,成为他的一种选择。

无论是父母对子女,或夫妻、情人间,最好都能避免"逼问"或"追根究底"的盘问如"你到底去哪里了?你最好老实说!"这种说法非但不客气,也不尊重他人。如果能够说"这么晚才回家很危险,父母亲会着急的。""可能刚好是朋友过生日吧?但也应尽量避免这么晚回家。""我自己年轻时也有过通宵出去玩的经验,但是第二天的功课就因此被耽误了。"如果能将"逼问"的口气改成"询问"的口气,予人"选择是否回答"的机会,有可以"辩解"的机会,那么,无论在任何场合,由于你能够尊重对方,都能受到对方的尊重。总之,即使是问话也要有技巧地问、高明地问。

同样是说话,不同的座位、不同的桌子、不同的照明设备,都会产生不同的功效。如果想要顺利说服对方,此法颇有缓和人心的功效。

一般来说,把方桌子放在正中央,对方对坐,经常产生较严肃的感觉。若将桌子放两排,排排相对,会使人觉得有"谈判"的感觉,心情容易紧张,情绪也容易激动。但如果采用圆桌,因桌子的形状较圆,能缓和人心。即使对方会面对面,也不会有对立的感觉。换句话说采用圆桌洽谈事情成功率最高。

若极力想打动对方、说服对方，说话者可站起来，以高姿态对对方发言。因为这种姿势会给人压迫之感，对方无招架之力，但也可能反而会激怒对方。所以最后是两人平起平坐，维持和谐的气氛。另外，采用灯泡照明。昏黄的灯光较能稳定心情，不容易使人激动。因此，选择气氛优雅而温和的咖啡馆或茶艺馆洽谈，都比在办公室方桌上谈判要好得多。尤其在饭局上，同事围着圆桌吃饭，气氛更融洽，交涉或谈判可较圆满进行。

如果你的老板大声说："过来一下。"邻座的你站起来，走向老板说："×××有事出去了。"假定此时老板不经意地发出"啧"的声音，或说："好吧！你来也可以啦！"相信你心中必定非常不悦，甚至觉得自尊心受到伤害。即使这件事对你而言是轻而易举的，此刻也会因不受重视而排斥将它做好。

相信善于说话的人，懂得避免说出"你也可以"这种带有次等意味的话语，令听话者心生不快。这时若觉得此人也具有相等程度或无法等待，可隔5分钟或10分钟后，再把他叫过来吩咐工作，但绝不可将对方当作代用品。要激起对方的荣誉心，如"我认为这件工作还是由你来办最适合！""如果是你来做一定能够办得更好，现在你可以立刻着手去做吗？"

在家中，母亲要求孩子做家事时，也要避免说出"姐姐不在，你来做也可以"应该改口说："妹妹，你扫地很仔细的！帮妈妈将客厅打扫一下好吗？"因为即使是小孩子，也非常重视父母所给予的荣誉及使命。

当我们向别人说："我是为了你才这么说的！"95%是用来表示你对满足自己自尊心的态度，是我们在处理人际关系中最容易犯的错误。找出别人的错误、贬低别人或是背地说人坏话，非但不能表现出自己的突出，还可能暴露你的人格缺失。

说别人无能的人，其实他才是真正无能的人。虽然在处理人际关系时，不应该随意批评别人。但是，有时候不得不指出对方的错误而给予矫正。面临这种情况，应该如何处理呢？首先必须留意，批评别人的真正目的，并不是要打击对方，而是要让对方做得比以前更好。同时也不是要伤害对方，而是要使他的工作效率更为提高，这些才是批评的真正意义。

其次必须注意，不可以单刀直入、直接地揭发对方的过错。在你将要指出错误之前，应该让对方有缓冲的余地。

在处理人际关系时，有敏锐嗅觉的亚伯拉罕·林肯就能够本能地使用这种战术。有一回，一位以顽固著称的律师拜访林肯，告退之后，有人问林肯："总统先生，您到底是用什么方法改变了这个顽固分子的意见？"据说，林肯这么回答："当我用犁翻土的时候，如果遇到了硬而厚的树根，我不会马上就把树根拔起，而是先犁松树根周围的泥土。对于那位顽固的律师我就是用这种方法，我总是先耕耘他周围的泥土。"

你之所以会批评对方，就是因为你们的意见有所不同。所以，如果你仍用原来的方式继续争辩下去，也许你可以赢得这场争论，但是我们相信你也会因此而伤害对方的感情，甚而失去对方的友谊。

如果你在你们之间设置了缓冲地带，你会因此避免了接下来的冲突。换句话说，在你指摘对方过错之前，应该先考虑对方的立场，然后再循序渐进地把对方的过错告诉他。

批评的目的是借以矫正对方的过失，使他做得更好，而不是借以打击对方，责难对方。虽然我们的动机纯正，但对方不一定会接受，或是接受的方式并非如我们所期待的。

譬如，你在众人面前受到批评时，不论这些批评是多么中肯，也不论批评者的态度是多么诚恳，语气是多么缓和，在大多数的情况下你都会加以反驳。因为尽管对方的批评非常正确，你仍觉得在众人面前受到批评且坦承错误是相当难堪的。

你是否为了使你的批评成为众所瞩目的警语，而特意选择在众人面前批评你的属下呢？或是在朋友面前矫正丈夫的用餐习惯呢？你是否也在孩子的伙伴面前指责他们的过错呢？如果是这样，你批评他们的真正动机，通常都不是为了他们好，而只是想借此满足自己罢了！

此外，还必须清楚，孩子们虽然年纪小，但是却和大人一样具有完整的人格和天生的自尊。所以，你不应该在孩子的伙伴面前指责他的过失，甚至大声吼骂。

凡是恳切或赞美的言辞，都具有创造亲密气氛的效果。用这一类的言辞告诉对方，会让他自觉地感到并非受到攻击，而是获得帮助。通常遭受批评的人会很本能地采取自卫的行动，像这样已经有防御姿态的人，无论你给他什么样的建议，他都无法坦然接受。但是，恳切或赞美的言辞可以为你解除对方已经武装了的姿态，它可以让对方缓和自己不悦的心情，并且让他处于一种轻松愉快的气氛里，而这些都将使他更容易接受你的批评和谏言。

（九）替别人服务也幸福

成全别人是高尚风格的体现，本身体会到的也是一种幸福。

美好价值的体现，很多时候是在不经意之间流露的。

自从小爱娜出生，她的窗户外面就长着那棵仙人掌。那棵仙人掌长得又高又粗，硬邦邦的，浑身带刺。既不像香气馥郁的鲜花那样动人，也不像鸟儿那样能够唱出美妙的歌声，一点儿也不讨人喜欢。因为长得丑，大家都嘲笑它，仙人掌自己也经常自暴自弃，认为自己一点儿用处也没有。

只有小爱娜经常跟它说话，开解它。她经常对它说："亲爱的，不要难过啦！日子长着呢，总有一天你会派上用场。"

仙人掌只好默默地安慰自己，努力地生长着。

有一天，小爱娜突然从楼梯上摔了下来，小腿肿得老高，医生看了之后也觉得，很棘手。但是当医生望向窗外，看到那棵碧绿碧绿的仙人掌时眼睛立刻就亮起来了。大叫道："太好了，小爱娜！你的腿可以很快康复啦！"

原来，这棵难看的仙人掌竟是一种珍贵的药材。医生切了它的一片绿茎，捣成汁敷在了小爱娜的伤处。果然，没过多久，小爱娜的腿就消肿了，很快她又能在园子里走来走去，跟心爱的仙人掌聊天了。

"医生切你的时候很疼吧！"小爱娜心疼地抚摸着仙人掌的伤口。

"不疼不疼！"仙人掌立刻回答道，"那点疼算什么，一想到自己能够为别人做点事，我心里就很快活啦！我的愿望终于能够实现了！"

"我个人的一小步，是全人类的一大步。"这早已是全世界家喻户晓的阿姆斯特朗的名言。第一次登陆月球的一共有两个人，除了大家都熟知的阿姆斯特朗外，还有一位就是奥尔德林。

"阿姆斯特朗先下去，成为登陆月球的第一人，你会不会觉得有点遗憾？"在庆祝登陆月球成功的记者会中，一个记者突然问了奥尔德林这个很特别的问题。

"各位，千万别忘了，回到地球时，我可是最先出太空舱的。"在全场有点尴尬的注目下，奥尔德林很有风度地回答，然后环顾四周接着说："所以我是由别的星球来到地球的第一人。"大家在笑声中，都给予了最热烈的掌声。

具有"超人的能力"之人可说是屈指可数。然而，要训练这项能力其实并不困难，只要你能够熟练掌握以下原则，就会很容易做到。无论是行为多么乖戾，或是多么桀骜不驯的属下，你都可以很容易地打动他、驾驭他。

你必须遵守的第一项原则是，当你的属下完成你所交付的工作，或是替你服务时，无论这些事是多么微不足道，你都应该让他知道，也应该让其他人知道，你为此对他充满了感激之意。你必须提醒自己，绝对不能表现出认为他这么做是理所当然的态度。

当然，你应该从心底发出对他的感激。我们的成功，通常都必须依靠别人才能获得。

你的感激之心可以通过你温暖的微笑传达给他。你或许不知道，这些微笑可以让你的属下了解，你知道他们的存在，你关心他们的现状。当然，最重要的是你欣赏他们的才能。他们的这种感觉，对于你是否能够打动他的心是很重要的。

如果你认为微笑还不足以表达你的感激，你当然可以更直接明白地告诉他。在众人面前称赞他，除了可以感动他，还可以表现出你身为领导者的气度。

与其独占功劳，不如把它分享出去。

有一家销售公司邀请王先生参加该公司的年终会议。当会议的各项仪式和程序完成以后，该公司的董事长便颁奖给该年度两个营业额较高部门的经理，并且要求他们把可以获得如此好的业绩的始末在会议上做15分钟的报告。

第一位分部经理一站起来便滔滔不绝地说，他是如何又如何……后来王先生才知道，这位经理在3个月前才担任这个职位。换句话说，他对这个部门所缔造的成绩，不过贡献了1/3，或者是更小。

而第二位分部经理谈了很多他自己的销售概念。也说了许多在担任这个职位后，他做了哪些努力以及已经有了哪些改善。他似乎极力想让与会的全体人员，都了解他对这个部门有多大贡献；也更极力地想让所有与会人员都对他的能力和努力，留下深刻的印象。

人对于冷淡的、形式的、刻板的事情都不会太关心，他们只想知道你也是一个富有人情味的人。所以，向对方表现出你富有人情味的一面，是正确的待人接物之道。

要提醒各位，这些爱挖苦别人的人其实都是嫉妒心强、内心愤愤不平的人，他们通常都不会忘记为了反对而反对。你不妨想想看，连狗都能看穿一个人是否诚实，难道大家连狗还不如吗？如果说别人是虚伪地装出了一副有同情心的模样，而大家还不能分辨，那真是太荒谬了。

真正的大人物不会否认自己的感情是脆弱的，也不曾去隐藏自己的眼泪。他们充分了解向别人表达爱和关心，也是力量的源泉。

所以，当你要提醒属下注意某些事情时，你最好让属下看到你富有人情味的一面。你可以告诉他，你也面临过相同的问题，你也遭受过同样的挫折。或是让他知道，你非常关心他是否能顺利完成这项任务。你应该对他说出："×××，请相信我之所以要详细把这些事告诉你，是因为我希望你能够早日完成它。"

人有欲望乃是天经地义，梦想去获得某些东西并不是罪过。然而，问题是大多数人在为了获得他想要的东西而采取的方法是错误的。

一般人都犯下这样的错误，在想要达到某些目标时，不是考虑我要为别人付出什么，而是考虑别人要为我付出什么。

"让别人有所得"也可以说就是"替别人服务"，很多人都认为让别人为自己服务才是幸福的。事实上，真正幸福的是那些替别人服务的人。

可以看到许多从事社会服务工作的人，或是社团里的义工，他们脸上流露着满足的笑容。这些把自己的时间甚至金钱投入到工作的人，从来不会抱怨工作太忙或是没有报酬。

所以，人们总爱说："施比受更有福。"

"我的朋友啊，你以为这90天里，你在过着什么样的日子呢？"

领导部属并不意味着你是君临部属之上。在某一方面而言，你是在替部下服务，你是要让他们有所获得。

有一位著名的婚姻专家，他帮助过许多新婚夫妇找寻婚姻生活中的真正幸福和快乐。每当有女性向他求助时，他都会说：

"不管是从事什么职业、什么教育背景的女人，我所给她最好的提示就是，要你的丈夫经常觉得你需要他。"

把他的话换成另一个角度来说，就是妻子也需要让丈夫感觉少不了她。一个很诚实、很能干、事业又有所成的男人，之所以会在爱情上受到创伤，或是婚姻受到挫折，最主要的原因是他们可能会满足妻子物质上的所有需求，但却唯独忘了给她"我很需要你"的感觉。

有一位医术高超、人品又端正的医生也曾经面临过相同的问题。他说："我和我太太在我还念书的时候就结婚了！那个时候我没有收入，完全靠我太太外出工作来供养我，不过她却毫无怨言。想起过去那段日子实在是非常甜蜜。毕业以后，我们更加努力地工作，过了4年我终于有开办诊所的能力了，我太太也就辞去了工作。在最初的那段时间我们虽然过得很节俭，但是，我的发展对于一个初开诊所的医生来说，已经相当不错了。"

"可是很奇怪，我发觉我们拥有越多的财富，我们彼此的距离就越远。不过，我并没有怀疑她是不是被其他男人所吸引，她也没有怀疑过我是不是有了外遇，事实上我们都没有什么改变。没有严重的争执，甚至连小小的吵嘴都没有。但是，更糟的是我们发现彼此已越来越不关心对方了。我们的婚姻生活变成了一项公式，不管对方做什么、说什么都是回答：'噢！是吗？'我们终于了解了事态的严重，于是花了一个晚上好好地谈谈。我像所有倔强的丈夫一样，一开始就向太太质问，我说：'凡是你所想要的东西，我不是都买给你了吗？'而我太太听了这句话，好像是受了极大的委屈，感情立刻崩溃。她一面哭，一面说：'我们刚结婚的时候，你需要我，我也需要你。可是现在却不同了！不管什么事你都可以自己解决，不管什么事你都不让我帮忙，你为什么要让我感觉你已不再需要我了呢？'这句话真的震撼了我。的确如此，这15年来为了让我太太过上幸福的日子，我竭尽所能做了所有努力。只要她要求，我从来不会反对，为了怕夜里电话吵醒她，我也特别把电话移出寝室。只要我能够做的我都做了。可是我就是忘了一件事，我忘了给她帮助我的机会。"

听到这里，人们会忍不住要反问他："那么，你怎么解决这个问题的呢？"他说："其实这很容易解决，不久以后，我太太便开口对我说她要到医院帮忙。如果她是在以前向我要求，我一定会愚蠢地认为这是很失面子的事。可是听过她的一席话后，我就欣然答应了。自此以后她就恢复了以往的开朗，我们的日子也就和以前一样的快乐了。"

这位医生的经验，相信对于你应该如何和属下相处有很大的帮助。

你必须牢记下面这几点道理，你的属下也希望自己是被别人所需要的，他们希望你在工作上依赖他，他们希望你认为他是你事业上不可缺少的一分子。在你满足他们这些需求以后，你就可以得到他的忠诚、协助和称赞。

懂得技巧的领导者，在大家一起露营的时候，会知道应该让每一个人都分配到工作。那些被认为演戏技巧很好的人，并不是肢体语言做得比别人好的人，而是能够把观众带上舞台来一起演戏的人。最近，我因为好奇心驱使，也去看了一场极受众人欢迎的舞台戏。看完这场戏，我们的感想是与其说是演员的技巧好，倒不如说是演员很能够带动台下观众的气氛，他们让台下的观众也和他们一起唱、一起摆出动作。

在历史上留下了深远影响的人物，诸如孔子、穆罕默德……在他们要向别人说明道理，或是希望别人能够了解他们的意思时，他们常常是引用或比喻，而绝对不是说："你必须……"他们只是使用实例说明，或是比喻，就能使对方了解他们的意思。

第二章

修德励志

一、勿以善小而不为，
　　勿以恶小而为之

　　"百行孝为先""孝"也可以看作是狭隘的善良。但是大家可以想象一下，如果不能善待自己的亲人，那对别的事物又是如何呢？这是人类最基本的德行。

　　汉文帝刘恒，汉高祖第三子，为薄太后所生。高后八年（公元前180年）即帝位。他以仁孝之名，闻名于天下，侍奉母亲从不懈怠。母亲卧病3年，他常常目不交睫，衣不解带；母亲所服的汤药，他亲口尝过后才放心让母亲服用。他在位24年，重德治，兴礼仪，注意发展农业，使西汉社会稳定，人丁兴旺，经济得到恢复和发展。他与汉景帝的统治时期被誉为"文景之治"。

　　仲由，字子路、季路，春秋时期鲁国人，孔子的得意弟子，性格直率勇敢，十分孝顺。早年家中贫穷，自己常常采野菜做饭食，却从百里之外负米回家侍奉双亲。父母死后，他做了大官，奉命到楚国去，随从的车马有百乘之众，所积的粮食有万钟之多。坐在垒叠的锦褥上，吃着丰盛的筵席，他常常怀念双亲，慨叹说："即使我想吃野菜，为父母亲负米，哪里能够再得呢？"孔子赞扬说："你侍奉父母，可以说是生时尽力，死后思念哪！"

"树欲静而风不止，子欲养而亲不待"，趁着你还有机会还有时间，多陪陪父母，切莫等到父母已逝，再追悔莫及。

曾参，字子舆，春秋时期鲁国人，孔子的得意弟子，世称"曾子"，以孝著称。少年时家贫，常入山打柴。一天，家里来了客人，母亲不知所措，就用牙咬自己的手指。曾参忽然觉得心疼，知道母亲在呼唤自己，便背着柴迅速返回家中，跪问缘故。母亲说："有客人忽然到来，我咬手指盼你回来。"曾参于是接待客人，以礼相待。曾参学识渊博，曾提出"吾日三省吾身"的修养方法，相传他著述有《大学》《孝经》等儒家经典，后世儒家学者尊他为"宗圣"。

黄香，东汉江夏安陆人，9岁丧母，事父极孝。酷夏时为父亲扇凉枕席；寒冬时用身体为父亲温暖被褥。少年时即博通经典，文采飞扬，京师广泛流传"天下无双，江夏黄童"。安帝（公元107—125）时任魏郡（今属河北）太守，魏郡遭受水灾，黄香尽其所有赈济灾民。著有《九宫赋》《天子冠颂》等。"香九龄，能温席"说的就是这个故事了。

蔡顺，汉代汝南（今属河南）人，少年丧父，事母甚孝。当时正值王莽之乱，又遇饥荒，柴米昂贵，只得拾桑葚母子充饥。一天，巧遇赤眉军，义军士兵厉声问道："为什么把红色的桑葚和黑色的桑葚分开装在两个篓子里？"蔡顺回答说："黑色的桑葚供老母食用，红色的桑葚留给自己吃。"赤眉军怜悯他的孝心，送给他3斗白米、1头牛，带回去供奉他的母亲，以示敬意。

以上就是我国古代有名的《二十四孝》里的故事。古人能这样，那么今天的人们能否继承呢？

人世间最宝贵的是什么？雨果说是善良。"善良是历史中稀有的珍珠，善良的人几乎优于伟大的人。"

中国传统文化历来追求一个"善"字：待人处事，强调心存善意、向善之美；与人交往，讲究与人为善、乐善好施；对己要求，主张独善其身、善心常驻。记得一位名人说过：对众人而言，唯一的权力是法律；对个人而言，唯一的权力是善良。

有一则故事讲，一场暴风雨过后，成千上万条鱼被卷到一个海滩上，一个小男孩每捡到一条便送到大海里，他不厌其烦地捡着。一位恰好路过的老人对他说："你一天也捡不了几条，何必这样费劲？"小男孩一边捡着一边说着："起码我捡到的鱼得到了新的生命。"一时间，老人为之语塞。

播种善良，才能收藏希望。一个人可以没有旁人惊羡的姿态，也可以忍受"缺金少银"的日子，但离开了善良，却足以让人生搁浅和褪色——因为善良是生命的黄金。多一些善良，多一些谦让，多一些宽容，多一些理解，让人们在生活中感受快乐、幸福和美好。这是善良的人们向往和追求的，也是我们勤劳善良的中华民族所提倡和弘扬的。

艾娜收养了一个孩子，不过那是德国纳粹战犯的后代。街坊邻居们知道后，没有人理解她，也没有人同意让这个孩子留在这个街区。他们说她应该把孩子送到孤儿院去或者把孩子扔掉，艾娜不肯。此后，就老有人对她说三道四，还有人整日整夜地向她家的窗户扔秽物，辱骂她。可是，艾娜没有在乎那些外界的干扰，始终把那个孩子紧紧地抱在怀里。她对那个孩子说："你是多么漂亮啊，你是个小天使。"

随着年龄的增长，孩子慢慢长大了。虽然邻居们的行动已经不偏激了，但还是常有人叫他"小纳粹"。

同龄的孩子都不跟他玩。他变得性格古怪，直到有一天他打断了一个孩子的肋骨，邻居们瞒着艾娜把他送到了十几里外的教养院。

半个月后，几乎快发疯的艾娜终于找回了孩子。她紧紧护着孩子，嘴里喃喃自语："孩子是无罪的。"

在那个时候，孩子知道了自己的身世，他痛哭流涕。艾娜告诉他，要想改变邻居们对他们的看法，最好的做法就是真心地帮助大家。

从此以后，他发奋图强，把每样事都做得很好。到他中学毕业时，他的邻居们居然每家都派了代表来观看他的毕业典礼。这也许是他这一生中收到的最好的礼物。

真心为他人祝福的同时，心灵也会得到一种自然的洗涤。

清晨，汤姆心事重重地在街上散步，这时一辆大垃圾车停在了他身边。

汤姆以为那司机是要问路的，没想到那司机却向他出示了一张照片，上面是一个非常可爱的5岁的男孩。

"这是我孙子杰乐米，"司机说，"他躺在菲尼克斯医院里，靠人工心脏生活。"

这次汤姆知道了，原来那个司机是想让他捐款，于是就伸手去摸钱包。

可司机并没有要钱。他说："我会向每一个我遇见的人请求他们为杰乐米祷告。您能为他祷告一次吗？"

汤姆按照他的要求做了。突然间，他发现自己的心事好像没那么严重了。

常怀助人之心，可以感染他人，让爱洒遍人间。

有一回，杨君背着十五六公斤的矿石，脚下一滑从崎岖的小路上滚到山沟里。他的腿摔伤了，一动也不能动。而且当时天快黑了，他的呼救声被西北风压住，谁也听不见。

在这种环境下，他想到了前段时间有一个人在山里被群狼咬死的事，于是越想心里越害怕。正在他孤身无助的时候，突然看到了一个打柴的人从远处走了过来，此人看到受伤的杨君，毫不犹豫地说："别害怕，我来帮你！"说着，打柴人扔下肩上的柴担，把杨君一直背下了山。

"我来帮你！"这平平常常的一句话，使这个一向对人冷漠的杨君变成了一个热心肠的人。

就是这么一句话，影响和改变了杨君的一生。几十年来，在这句话的影响下，他助养了一个无依无靠的老奶奶，而且还资助一个贫困的儿童上学，做了许许多多的好事。

聪明的人不是总想着算计别人，而是想尽办法帮助别人。算计别人，别人也会算计你。而帮助他人，他人在有形无形中也在帮助着你。

哈默是美国的石油大王，但是在这样的光环之下，谁会想到他曾是个不幸的逃难者。那还是某一年的冬天，年轻的哈默随一群同伴流亡到美国南加州一个名叫沃尔逊的小镇上，在那里，他认识了善良的镇长杰克逊。

一天，冬日里下起了雨。于是，镇长门前花圃旁的小路便成了一片泥沼。没办法，行人就从花圃里穿过，弄得花圃一片狼藉。哈默替镇长疼惜，便不顾寒雨染身，一个人站在雨中看护花圃，让行人从泥沼中穿行。这时出去半天的镇长笑意盈盈地挑着一担炉渣回来了，在一头雾水的哈默面前从容地把炉渣倒在泥沼上。

当然，再也没人从花圃里穿过了。最后镇长意味深长地对哈默说："你看，关照别人就是关照自己，这有什么不好？"

镇长的话牢牢地刻在了哈默的心里，杰克逊对哈默的成功起到了不可估量的作用。

每个人的心都是一个花圃，每个人的人生之旅就好比花圃前的小路，而生活的天空又不尽是风和日丽，也有风霜雪雨。那些在雨路中前行的人如果能有一条可以顺利通过的路，谁还愿意去践踏美丽的花圃，伤害善良的心灵呢？

给自己的小路铺上光滑的大理石，别人走过的时候，你是不是也很开心呢？

无胜于有德行之行为，无劣于有权力之名誉。一个人的荣华富贵，如果是从道德修养中得来，那就如同生长在大自然的野花，会繁衍不绝。如果是从建立功业中得来，那就如同生长在花园中的盆栽，稍微移动，花木就会受到影响。如果是从权势中得来，那就如同插在瓶中的花朵，由于没有植根土中，花的凋谢指日可待。

二、梅花香自苦寒来

（一）19载牧羊志不悔

苏武，字子卿，杜陵人。据汉边制度，有2000石薪俸以上的官员子弟得任命为郎。因此苏武少年时便与两个兄弟做了皇帝的郎官（侍从官），后升任移中厩监（御马房的管理人员）。

那时汉匈边界常有战乱，双方屡派使者刺探对方动向。匈奴前后扣留汉朝使者十多批人，汉朝也扣押匈奴使者作为抵偿。汉武帝天汉元年（公元前100年），匈奴且鞮侯即位，为防止汉朝乘机攻打，便自称是汉天子的晚辈，并把扣押的汉朝使者一齐送回去。武帝也以礼相待，委任苏武以中郎将（掌管皇帝侍卫的武职，比将军低一级）一职，持旄节护送被扣押的匈奴使者回国，同时赠送且鞮侯单于丰厚的礼物。于是苏武同副中郎将张胜，随员常惠以及卫士、侦察兵等一百多人到了匈奴。

事有凑巧，就在使节团返朝复命之际，匈奴发生了贵族缑王和虞常等人的谋反事件。他们策划劫持单于的母亲阏氏，并杀掉死心塌地为匈奴效力的汉朝叛臣卫律，而后逃回中原。虞常曾和张胜是朋友，他偷偷去见张胜。张胜慨然允诺，给虞常提供了经费。谁知他们行事不秘，单于子弟举兵先发制人，结果缑王等全部战死，虞常被擒。

张胜感到事态发展严重，他和虞常的关系要暴露，只好把和虞常秘密会面之事告诉苏武。苏武料定使节团要受牵连。他想：待做了犯人受审后被处死，不如早日自尽，以免自己的国家受到侮辱。于是他拔剑自杀。张胜、常惠等人手疾眼快夺了剑，苦苦将他劝住。

卫律奉单于之命，审理这桩谋反案，虞常果然供出张胜。单于大怒，召集首领们商议要杀掉汉朝使者。单于的近臣认为杀掉他们不如令他们投降，单于同意了他们的意见，又派卫律去劝降苏武，苏武对常惠等人说："丧失气节，辱没国家，虽生，有何脸面回大汉？"说着，拔出佩刀刺进胸膛。卫律大惊，亲自上前抱住苏武，又忙着派人快马加鞭去请医生。当时的急救术很落后，就是在地上挖一个坑，坑内燃文火，然后将苏武面朝下卧在坑上，由医生敲打挤压背部使瘀血流出，同时帮助病人恢复心脏跳动。苏武本已气绝，经半日紧张的抢救，总算有了呼吸。常惠等人哭着将苏武抬回营帐。单于钦佩苏武的气节，更加希望苏武投降，早、晚派人问候。

苏武大义凛然，卫律无计可施，只好如实去报告单于。苏武越是不屈，单于便越想招降苏武，同时也愈加残酷地迫害他。他们把苏武捆绑着禁闭在一个大地窖里，不给他送吃的喝的。天降大雪，苏武躺着咬一口毡毛，嚼一口雪。

几天后，匈奴人发现苏武还活着，以为有神灵保佑他，就把他从地窖里拉出，流放到北海没有人烟的地方放牧，并说等公羊产了羊羔，才放他回来。

苏武孑然一身来到北海，靠掏野鼠洞中储藏的草籽干果充饥。他每天拄着代表国家尊严和使命的汉使节杖放羊，连睡觉都不离手。日复一日，年复一年，节杖上的旄牛尾毛逐渐脱光。

苏武出使匈奴的第二年，汉、匈爆发战争，汉将李陵兵败投降了匈奴。李陵和苏武曾同在汉朝廷做官，他投降匈奴后被单于立为右校王。他自觉惭愧，无颜去见苏武。过了些时候，单于命李陵去北海劝降苏武。李陵到了北海，摆酒奏乐，款待苏武，席间与苏武款款叙旧。苏武这才得知自己走后，两个兄弟都因小罪被迫自杀，母亲已死，妻子还年轻已经改嫁。两个妹妹和三个儿女十多年来不明生死。而且皇上老了，法令没有个准度。大臣们无罪而遭灭门九族惨祸的有好几十家。李陵劝苏武说："人生如朝露，何必自苦如此。单于在诚心诚意等待您的归顺，不会让您回到大汉了。"苏武听后驳斥李陵道："我们父子没有什么能耐，靠皇上栽培，父亲做了将军，封一等侯爵；兄弟三人都是皇上的近臣。平时一直希望能为朝廷尽忠。如今有了报效朝廷的机会，就是赴汤蹈火也心甘情愿。您不必再费口舌了。"李陵无言以对。

不久，单于病死。新单于害怕内乱外患，又派使者与汉通好，并表示愿意放还苏武。19个春秋，经受了无数痛苦煎熬，苏武终于回到长安。他出使时是一个很强壮的青年，回来时已是满头银丝，满面白须。出使时带去的随员一百多人，现在跟回的只剩了11人。

苏武回朝后，汉昭帝任命他为典属国，主管边疆各民族事务。

公元前60年，苏武病逝，享年81岁。10年后，汉宣帝命人把苏武等11名功臣的画像画在麒麟阁上，让后代永远纪念他们。

（二）心诚志坚　终成正果

唐僧玄奘本姓陈，名祎，生活在唐初太祖、太宗年间。通常，人们称他为三藏法师，俗称唐僧。

玄奘苦心钻研佛学、遍访国内名师，在此过程中他发现已翻译过来的佛经中有很多错误，且所说纷纭难得定论。为此，他冥思苦想，终于决定到天竺（今印度半岛）佛教的发祥地去学习、探索，并取得《十七地论》经书回来以解开人们的疑惑。

唐初，政权刚刚建立，各项制度尚不完备，而且与西部地区突厥的关系也很紧张。所以，玄奘虽一再申请出境西去，但均未获准。在此期间，他学习了梵文，了解了西域、天竺的风俗，充分考虑了可能遇到的种种苦难，做好了西去的一切准备。

唐太宗贞观元年（公元627年），玄奘私下里跟着一些商人悄悄地从长安出发，经过秦州、兰州，到达当时的西部边陲重镇凉州。在凉州，玄奘的行踪被官府发现，凉州都督李大亮勒令他返回长安。此时，幸遇当地佛教领袖慧威，暗中派慧琳和道整两徒弟护送，继续西行。玄奘一行不敢公开在路上走，只得昼伏夜行。当他们到达瓜州时，瓜州刺史孤达听说有法师来此，非常高兴，盛情相待。此时，玄奘骑的马已经倒毙，而前面尚有深不可渡的瓠芦河，有兀立的5个烽火台，还有一望无际的戈壁滩。无奈，玄奘只得停留一下。可就在此间，却来了凉州通缉他的公文，瓜州州吏李昌是个"崇信之士"，就揣着捉拿玄奘的文书来找玄奘，问他是不是被通缉的那个玄奘。李昌说："您必须说实话，如果您真的是，我愿给您出主意想办法。"交谈中，李昌为玄奘立志求经、勇往直前的精神所感动，当面撕毁公文，催促玄奘赶快出关西行。

再次上路不久，跟随玄奘的两个小僧先后离开。不久，玄奘又遇到当地一名叫石槃陀的人。石槃陀自告奋勇，愿做玄奘的向导，还引一位老夫来见玄奘。老夫很钦佩玄奘不畏艰辛的精神，他提醒玄奘前面还有千难万险，可玄奘坚定地表示：若不至婆罗门国，终不东归，纵死中途，也不后悔！老夫激动万分，将一匹曾经往返伊吾国15次的老马赠给玄奘。玄奘和石槃陀，借着夜幕的掩护混出了玉门关。

出了玉门关，两人都累了，就在草丛里歇下了。歇了一会儿，玄奘似睡未睡，忽见石槃陀拔刀而起，慢慢逼近玄奘，转而又退了回去。玄奘怀疑他起了异心，就起身端坐诵经，石槃陀重又躺下睡去。待第二天天亮，石槃陀说："前面的路途还很长很险，一路上无水无草，只有第五座烽火台下有点水，必须夜间去才能偷来，但一旦被发现，必死无疑。依我看，往前走只有死路一条，不如收拾行装，早早返家，这才是最稳妥的办法。"玄奘知道他打退堂鼓了，就与他告别了。从此，玄奘只身在沙漠里行走。沙海浩浩，一望无际，哪有路径可循呀！唯有随着一堆堆骸骨和一团团驼马粪便的踪迹前进。就这样，他走了八十多里，来到了第一座烽火台下。为不被发现，他藏在沙沟之中，待天黑后才走。转到烽火台的西侧，忽见一汪泉水出现在眼前，他牵着马下去喝水，突然间一箭射来，差点射中他的膝盖。玄奘急忙向烽火台上喊道："我是长安来的和尚，请你们不要射箭！"并牵着马向烽火台走去。唐朝边官弄清了他的来历后，都很钦佩，送他过了烽火台。当夜他到了第四座烽火台下，校尉王伯陇还留他住了一夜，又送他一大皮囊水和马料、干粮等。并告诉他，第五座烽火台上的校尉是个粗暴的人，最好绕道而行，去野马泉取水，再往西行。玄奘在罕有人迹的戈壁滩上走了一百多里后迷路了，而且又不慎将皮囊掉在地上洒掉了水。遇此困境，他记起自己曾立下誓言，又毅然继续向西。这样走了5天，滴水未进，终因舌焦腹饥昏倒在沙漠中。半夜，又被荒漠中的凉风吹醒，他强打精神又继续前进。走出几里后，那匹老马忽然拼命跑起来。原来，不远处有一片绿洲和泉水，他们喝了个痛快，有了生命的活力。

出了大沙漠，经伊吾国来到高昌国。高昌国国王麴文泰是个虔诚的佛教徒，他热情地把玄奘迎进王城，盛情予以款待。他为法师的惊人之举感动得流下了眼泪。他希望玄奘留下来，但玄奘志在西行。他又假意要送玄奘回大唐，玄奘则用绝食来感化他。麴文泰只得答应放玄奘西行，两人还结拜为兄弟，玄奘应邀又停留一个月讲授佛经。行前，文泰送给他许多衣物、食品、马匹，还开了路条，让沿途各国国王给玄奘西行以方便。

此后，玄奘又与风暴搏斗了七天七夜，翻雪山，过险关，终于在贞观二年（公元628年）夏末，到达此次西行的目的地北印度。在那里，他受到隆重的欢迎。从离开长安那天起到此时，玄奘艰辛跋涉，历时接近一年。在印度他停留了17年，进行取经、学法及授业讲课。贞观十九年（公元646年），玄奘返回长安。自唐以来，有《唐三藏西天取经》杂剧、《西游记》小说等传世之作，都是以玄奘西天取经为蓝本而创作的，玄奘的故事在民间广为流传。他不畏艰险，孜孜以求的美德，一直被人们所称道。

（三）刺股律己　终成大器

战国中后期，尤其是秦孝公任用商鞅变法后，秦国越来越强大。面对着这种趋势，其他六国不免恐慌起来。有的主张六国联合起来，共同抵抗秦，这种主张被叫作合纵；有的主张六国中的任何一国联合秦国，来攻击其他国家，这种主张被叫作连横。在这场"合纵连横"中出现了许多能言善辩靠游说获利禄、进仕途的游士、食客。苏秦就是一个突出的代表。

苏秦，出身于农民家庭，家里很穷。他读书时，生活非常艰苦，饿极了就把自己的长发剪下去卖点钱，还常常帮人抄写书简，这样既可以换饭吃，又在抄书简的同时学到很多知识。

这时，苏秦以为自己的学识已差不多了，就外出游说，他想见周天子当面陈述自己对时势的看法，但没有人为他引荐。他来到西方的秦国，求见秦惠文王，向他献计怎样兼并六国，实现天下的统一。秦惠文王客气地拒绝了他的意见，说："你的意见很好，只是我现在还不能做到啊！"苏秦想，建议不被采纳，能给个一官半职也好啊，可是他什么也没有得到。他在秦国耐着性子等了一年多，从家里带来的盘缠都花光了，皮袄穿破了，生活非常困难，无可奈何，只好长途跋涉回家去。

苏秦一副狼狈的样子回到家里，一家人很不高兴，都不理他。父母不与他说话，妻子坐在织机上只顾织布，看也不看他。他放下行李，又累又饿，求嫂嫂给他弄点饭吃，嫂嫂不仅不弄还奚落他一顿。在一家人的责怪下，苏秦非常难过。他想：我就这么没出息吗？出外游说，宣传我的主张，人家为什么不接受呢？

那一定是自己没有把书读好，没有把道理讲清楚。他感到很惭愧，但是他没有灰心。他认为：一个人能不能有出息，能不能成就一番事业，关键就看自己能不能把书读好，求得真才实学。认识到这一点以后，他暗暗下决心，要把兵法研习好。

有了决心，行动也跟上来了。白天，他跟兄弟一起劳动，晚上就刻苦学习，直到深夜。夜深人静时，他读书读倦了，总想睡觉，眼皮粘到一块儿怎么也睁不开。他气极了，骂自己没出息。他想，瞌睡是一个大魔鬼，我一定要想法治治它！于是，他找来一把锥子，当困劲上来的时候，就用锥子往大腿上一刺，血流出来了。这样虽然很疼，但这一疼就把瞌睡冲走了。精神振作起来，他又继续读书。

苏秦就这样苦苦地读了一年多，掌握了姜太公的兵法，他还研究了各诸侯国的特点以及它们之间的利害冲突。他又研究了各诸侯的心理，以便于游说他们的时候，自己的意见、主张能被采纳。这时，苏秦觉得已有成功的条件。他再次离家，风尘仆仆地踏上了游说之路。

这次，苏秦获得了很大的成功。公元前333年，六国诸侯正式签订合纵的盟约，大家一致推苏秦为"纵约长"，把六国的相印都交给他，让他专门管联盟的事。

受挫自省，不怨天尤人；刺股律己，终成大器。苏秦的这条成才之路，给后人留下了许多启示。

（四）受宫刑之辱 著千古《史记》

《史记》是一部早已誉满中外的我国古代不朽的历史巨著。全书130卷，52万字。作为中国历史上最早的一部通史，它贯通了上起中国传说时代的五帝、下迄西汉汉武帝年间长达数千年的中国古代历史发展过程，展现了数千年历史的全貌。自从有了这部历史巨著，中国西汉时期以前的古史才第一次发出灿烂的光芒。

《史记》不仅是中华民族历史上的一份宝贵的文化遗产，而且也是具有世界影响的历史学伟大成果，是全世界人类文明发展史上的光辉文化遗产的一部分。

《史记》的作者——司马迁，是中国历史上著名的德、才、识兼备的卓越历史学家、伟大的思想家。令人可敬可叹的是，这位中华民族历史上的伟人的一生的命运坎坷不平。正当壮年著述《史记》而"草创未尔大"之时却遭飞来横祸，忍宫刑之辱，受身心折磨的煎熬。抱着残躯弱体，他以坚定的信念、非凡的毅力耗尽刑后的余生精力和心血完成了《史记》这部名垂千古的历史巨著。

司马迁生活在中国古代西汉时期。父亲司马炎是西汉汉武帝时的一位史官。幼年时代的司马迁受到父亲的严格教育，因而深受中国古代光辉灿烂的历史文化思想的熏陶和影响。更由于受他父亲的影响，司马迁立志写出一部"究天人之际，通古今之变，成一家之言"的中国自有史以来的通史。司马迁20岁时，曾做过一次范围很广的漫游。他从京都长安出发，先到南郡、长沙，凭吊战国时期楚国大诗人屈原的遗迹；再顺江东下，上庐山，访会稽，缅怀大禹治水的功业；在姑苏，他观览了春申君的宫室遗迹；在曲阜，他瞻仰了孔庙孔府。回到长安不久，司马迁也入朝做了一名史官。在随后的官宦生涯和游历中，司马迁的足迹踏遍了华夏大地。中华民族悠久的历史以及优秀的历史文明深深震撼了他。而当时还没有一部完整系统地记载西汉以前中国古代历史的史书，司马迁深感自己肩负着书写华夏民族开化史和弘扬民族优秀传统文化的历史重任。经过多年长期艰苦的原始史料的收集准备工作之后，司马迁在他42岁时开始了《史记》的著述。

常言道：天有不测风云，人有旦夕祸福。就在司马迁专心著书的第七年，弥天大祸从天而降。这一年，司马迁由于仗义执言替当时因寡不敌众，战败之后投降了匈奴的汉将李陵说了几句公道话而触怒了刚愎自用的汉武帝，被定成"诬罔主上"的死罪，投进了牢狱。

依照汉朝当时的法令，死刑仍有两种减免办法：一种是用50万钱来赎罪，另一种则要遭受宫刑（又叫腐刑）。司马迁还是一个官职卑微的小史官，自然拿不出能够赎罪、减刑的那一大笔钱。而忍受宫刑，不仅仅是对人体和精神的极大摧残，更是对受刑者人格的极大侮辱。为了不受宫刑的凌辱和折磨，司马迁曾想到过一死了之。但司马迁是一个胸怀爱国之情，而又深受中华民族优秀历史文化传统精神影响的伟大历史人物，他想到了"盖文王拘而演《周易》；仲尼厄而作《春秋》；屈原放逐，乃赋《离骚》；左丘失明，厥有《国语》；孙子膑脚，兵法修列；不韦迁蜀，世传《吕览》；韩非囚秦，《说难》《孤愤》《诗》300篇，大抵圣贤发愤之所为作也"。

人，难免一死，死有重于泰山，或有轻于鸿毛。如果司马迁就这样不堪忍受宫刑凌辱而死去，那部倾注了半生心血的历史巨著的著述工作就会半途而废，这不仅有愧于父辈的教诲，也有愧于孕育了自己的华夏民族。而只要能把《史记》续写完成，对中华民族有所贡献，那么个人忍受再大的耻辱也是值得的，即使死了也比"泰山"还重。不然，放弃自己的理想追求，丢掉历史赋予自己的重任，即使死得很体面，也毫无价值，这种死就比"鸿毛"还轻。于是，司马迁毅然忍受宫刑的肉体摧残、精神上的凌辱，决计忍辱负重坚强地活下来，去完成他未竟的伟大事业。司马迁刑后以残躯弱体又经过十余年的含辛茹苦的艰苦工作，终于完成了《史记》这部不朽巨著。

中国现代著名历史学家翦伯赞曾说过，《史记》是中国历史学上的一座不朽的纪念碑，而其作者司马迁的不朽，不仅因为他写成了一本《史记》，也因为他开创了一种前所未有的历史学研究方法——纪传体，就是以人物为主体的历史学方法。他以敏锐的眼光，批判而求实的精神，生动的笔触，简洁而动人的言语，纵横古今，褒贬百代。他的"述往事，思来者"的史学思想，至今影响着现世的史学家们。对于《史记》作者所取得的文学艺术成就，近代伟大的文学家、思想家鲁迅曾发出"史家之绝唱，无韵之《离骚》"的赞叹。而千百年来对于《史记》的赞誉可以说多得难计其数。

司马迁与《史记》对中国文化的影响是多方面的，也是深远的。在中国思想史、文学史和史学史上《史记》有着光辉不可磨灭的地位。司马迁既是一位中国史学史上的伟人，也是世界文化名人。他的成就卓越，而他的人格更伟大。

（五）冷落放逐著《离骚》

中国南方很多地方一直有着这样一种风俗，每年农历五月初五端午节这天，各地都要举行龙船竞渡等声势浩大的民间群众集会活动，家家户户还要包粽子吃。据说这是为了纪念中国历史上两千多年前伟大的政治家、爱国诗人屈原。

屈原一生忧国忧民，为了国家的繁荣昌盛，不顾个人得失安危，同当时社会上腐朽、邪恶势力做了果敢的抗争，备受冷落、放逐的屈辱，最后以身殉国。

相传他是在农历五月初五由于亡国的忧愤而投入汨罗江的。当时的百姓很难过、悲痛，把竹筒里的米倒入江河水中祭祀这位深受民众爱戴的诗人。以后每逢五月初五，人们都划着船把包好的粽子撒在水中，表达对这位伟大爱国诗人的永远怀念和无限敬仰，从而为中国悠久的历史文化增添了更多的光彩。

屈原是战国时期的楚国人。他二十几岁时就具有渊博的学识和卓绝的才干，深受当时楚王的信任和重用，封他为左徒。屈原在担任左徒之职期间，时刻以楚国兴亡为己任，积极主张改革内政，变法图强；对外力主"联齐抗秦"，并出使齐国，订立了齐楚联盟。由于他特别主张限制贵族特权，任用贤能，这样就在很大程度上触犯了当时权贵的利益，因而招致了许多旧势力人物的嫉恨和仇视，他们总是想方设法在楚王面前构陷屈原。于是昏庸的楚怀王听信了一些人的谣言，盛怒之下疏远了屈原，还将他放逐。

屈原虽然受到楚怀王的冷落、排挤，但仍然时时关心楚国的国运。他身处逆境，不顾个人安危，坚决反对楚国与秦国缔交。而楚怀王却刚愎自用，偏信靳尚、郑袖、子兰一帮小人的谗言，结果使楚国损兵失地，怀王本人也被秦国所欺骗，客死他乡。在新楚王即位后，屈原又满怀爱国救国的热情，向新即位的楚王提出广博人才，远离小人，改革政治的富国强兵主张。

然而，新楚王不但不采纳屈原的建议，反而认为屈原是在侮辱自己。一气之下，又将屈原彻底革职，放逐到远离楚郢都的汨罗江边。

屈原满怀一颗救国救民的赤胆忠心，一腔富国强兵的热血，而结果却遭到一连串无情的打击和两次放逐。这不平之事向谁倾诉？这愤懑之情向谁诉说？他如疯似狂地问苍天，问大地，问高山，问流水。在残酷无情的现实中，他满怀壮志遇挫折，他满腔热忱遭冷遇，然而他并没有消沉下去。也没有在黑暗的势力面前屈服，更没有放弃自己忧国忧民的爱国情操和理想。在艰苦而漫长的流放生活中，屈原在充分吸收民间文学艺术营养的基础上，利用他所创造的"楚辞"这一文学艺术形式，以优美的语言、丰富瑰丽的想象，写出了大量具有积极浪漫主义精神和强烈、高尚爱国主义情操的文学作品。在这些诗歌作品中，最著名和最有影响的是《离骚》——中国现存的第一首抒情长诗。屈原在作品中，抒发了他"长太息以掩涕兮，哀民生之多艰"的满腔忧国爱国的激情以及只要利国利民"虽九死犹未悔"的高尚情怀。

在艰苦的流放岁月里，他从来不为个人的不幸遭遇怨天尤人，愤懑不平，但他不能不为当时受苦受难的民众而叹息流涕。他愤怒地揭露和抨击了封建贵族统治集团的昏庸腐败，并深刻地指出了民众苦难的根源所在。除《离骚》外，他在《九歌》《天问》《九章》等作品中也同样表达了他对自己富国强兵的政治理想的执着追求。在《九歌》中，他以橘为喻，表明了自己面对强大恶势力的坚贞不屈的立场和决心。"路漫漫其修远兮，吾将上下而求索"更加显示出这位伟大爱国诗人的崇高理想追求。屈原炽烈的爱国热情以及忍辱负重、不计个人荣辱安危的伟大风范，千百年来一直感召、激励着人们不畏任何艰难险阻去创造光辉的历史。中华民族自强不息的精神和优良文化传统，正是由于各个历史时代涌现出的以屈原为楷模的仁人志士，才得以延续并发扬光大。也难怪西汉伟大的史学家司马迁不无赞叹地称屈原"可与日月齐光"。

屈原的伟大，不仅在于他那为世人传颂的思想境界、道德情操。还在于他在壮志未酬、身陷逆境以及颠沛流离的流放生活中，仍然以高昂的激情创作了大量既有深邃思想内涵，又有很高文学价值的爱国主义诗歌。这些作品不仅深刻地表现了社会现实，而且还具有强烈的浪漫主义色彩。他在民歌形式的基础上新创的一种句法参差灵活的文学题材——骚体中，把瑰丽的文辞，淳厚的感情，丰富的想象以及不屈不挠的战斗精神融汇在一起，成为我国诗歌创作上的积极浪漫主义手法的先导。唐代大诗人李白就非常推崇屈原，挥笔写下了"屈原辞赋悬日月"。

（六）危机感激发潜能

有一天，伯乐在集市上选了一匹白马。他说，这匹马的天资很好，只要经过训练，一定可以成为千里马。可是转眼间，好几个月过去了，无论伯乐采取什么办法，白马的成绩始终不理想。每日的奔跑距离，成绩却总是在九百多里徘徊。

伯乐对白马说："我说伙计啊，你要是再不用功，肯定会被淘汰的，永远都成不了千里马！"

白马委屈地说："我也没办法啦，我总是在尽力跑，可是总也达不到理想成绩呢！"

伯乐问："你真的尽了全力了吗？"

白马说："真的，我把吃奶的劲儿都使出来了。"伯乐若有所思地点点头。

又一天的训练开始了。白马刚起跑，突然背后响起惊雷一般的吼叫。白马扭头一看，一头雄狮向它扑来。白马大吃一惊，撒开四蹄，拼命地狂奔起来。晚上，白马气喘吁吁地回到伯乐身边说："好险！今天差点喂了狮子！"

伯乐笑道："可是，你今天跑了1000里！"

"什么？我今天跑了那么多？"白马望着伯乐，伯乐脸上挂着神秘的笑容。

白马心中豁然一亮。从此，它一上训练场，就设想有一头狮子在后面追赶自己，后来它果然成了一匹千里马。

当你感到生命出现威胁的时候，你才能跑得更快。

第三章

自我完善之"愚"学

一、知前知后

齐国大夫隰斯弥会见田成子。田成子与他一起登上城台，向四方瞭望，三面都非常平阔通畅。向南望去，隰子家的树却遮蔽了视野，田成子当时并没有说什么。隰子回去以后，立刻派人将树木砍去；才砍几下，斧头就裂了几个地方。隰子马上又叫人停下不砍。

他的属僚说："为什么改变得这么快呢？"

隰子说："古人有句谚语说，'知道深水中有鱼的人，不吉祥。'田成子即将有一些行动，这个行动非同小可，而我却提示他我知道一些，那我一定会有危险。不砍掉树木，不会有过错。知道了人家所不说的，这样的罪过才大。所以不再砍树了。"

类似的例子还有很多。

申屠蟠，东汉末人。当时游学京师的士人，如汝南范滂等人，经常批评攻击朝廷的政治措施，从公卿大夫以下各阶层的人，都纡尊降贵以礼遇他们。太学生纷纷推崇钦慕他们的风范，认为这是学术文风鼎盛、在野读书人被重用的时候。

申屠蟠却慨叹说："以前的战国时代，在野知识分子放言批评，各国诸侯甚至能做到持帚扫门来迎接他们，最后却有坑杀读书人、焚烧书籍的灾难。今天的状况和当日可以说差不多。"于是申屠蟠就隐居在梁国砀县的一个地方，靠着树干搭盖了一间屋子，日子过得像仆役一般。

过了3年，范滂等人受"党锢之祸"牵连，有的死了，有的被刑，只有申屠蟠一人幸免于难。

东汉末年，陶丘洪与华歆同郡，陶丘洪自认为眼光见识高于华歆。当时王芬等人企图废了灵帝，王芬叫华歆、陶丘洪来共同策定大计。

陶丘洪准备前去，华歆制止他说："废立君主是非常的大事，伊尹、霍光都觉得艰难而不轻易为之。王芬才性疏略且不够武勇，一定不会成功。"王芬后来果然失败，陶丘洪才对华歆心服。

二、修身养性　显出气度

孙叔敖碰到狐丘丈人。狐丘丈人对他说："我听说，有3种有利的事，也一定有3种有害的事，你知道吗？"孙叔敖一下子变了脸色说："我不聪明，怎么能知道呢？请问什么叫3利，什么叫3害？"

狐丘丈人说："爵位高的人别人一定会妒忌他，官做得大的人君子一定会提防他，俸禄多的人别人一定会怨恨他，指的就是这个。"孙叔敖说："不是这样的，我的爵位越高，我的志向就越低；我的官越大，我的心气也就越小；我的俸禄越多，我施舍的人也就越多，这样做可以躲避灾祸吗？"狐丘丈人说："你说得太好了，尧、舜在这个问题上还存在缺陷！"

《荀子·仲尼》中还说："所以聪明的人办事，盈满的时候会想到不足的时候，安全的时候会想到危险的时候。十分小心地预测将来，仍怕惹来祸患，所以他们做什么事都不会失败。"

三、居安思危　放远眼光

郁离子和游客乘船在澎湖上游行，无风无云，明日朗照，平湖如镜，水中的鱼虾出没都能看得见。两岸风光尽收眼底，游客说："有此美景，是泛舟的乐趣啊！我能得到这样的享受，终身感到满足了！"过了一会儿，山上飞出缕缕云彩，不一会儿乌云遮住了太阳，忽然狂风刮起砂石吹倒树木，吹打深谷峭壁而雷鸣九渊，船如旋轮并剧烈颠簸起来。游客们跳跃，难以站稳，俯下身就呕吐，趴下不敢仰视，个个吓得魂飞魄散，有的说："我快要死了！我这辈子再也不敢来了！"

郁离子说："人世间的事也像这情景一样啊。千乘之国的君王，坐朝而下临群臣，受言接词，大多数时间都是柔和的样子。一旦发怒，没有人敢触犯他的锋芒，那和这翻腾的湖水相比有什么不同呢？天下长久安定了，人们安静舒适不知有祸患，告诉他灾祸的警报，他也不相信，而大多在梦寐中死去，还不是因为只知道浮游的欢乐而不知道狂风的可怕所致吗？慎就在吕梁洪观赏，看见触石就吓得拔脚就跑，说：'我为什么冒这个风险呢？'一辈子都不敢跋涉。君子自己认为知风险，他的这一才能比起海上的商人差远了。因此三峡的惊涛漩涡，一看就知道它能翻船，冒死跳到水中的人，没有一个能活着的。只知道浮行的欢乐而不知道风浪可怕的人，是未曾经历过那风险的人啊。所以说'暴虎冯河、死而不知悔的人，圣人是不赞成的啊'，这是说那些知祸而不避的人。"

四、审时度势　变通自保

汉初三杰，都曾不安于位：韩信受谤，被擒于云梦；萧何遭谗，被械于狱中；张良惧祸，托言辟谷从赤松子游。然而陈平一生始终受到信任，并且平步青云，位居丞相，令后人钦羡不已。究其原因，当系陈平不仅善于为国出谋，也很善于审时度势，保护自己。

公元前195年，高祖击败叛军英布归来，旧伤发作，缓行到长安。又闻燕王卢绾叛变，遂派樊哙以相国的身份率军讨伐。樊哙走后，又有人对高祖说："樊哙跟吕后串通一气，想等皇上百年之后，杀害戚夫人和赵王如意，皇上不能不早加提防！"

高祖早已察觉吕后自作主张，干预朝政，心里有些不高兴。可又想，一个妇人家能干出什么来呢？但现在听说吕后跟他妹夫大将军樊哙串通起来，情况就严重了，他立即在床上下诏说："陈平急速以驿传马车，载着绛侯周勃代替樊哙领兵，到了军中立即砍下樊哙的头！"高祖怕陈平不敢去杀樊哙，又吩咐陈平尽快把樊哙的头取来，让他亲自检验，并催促陈平："快去快回，不得有误！"

陈平、周勃立刻动身。路上，陈平对周勃说："樊哙功劳大，又是吕后妹妹吕顺的丈夫，我们可不能自己动手处斩皇亲国戚。眼下，皇上正在气头上，万一他后悔了，怎么办？再说皇上病得这么厉害，咱们斩了吕后妹夫，将来吕后当权能放过咱们吗？"周勃一时没有了主张，便问："难道把樊哙放了不成？"陈平说："放是不能放的，咱们不如把他押上囚车，送到长安，让皇上自己去斩。"周勃认为这是个好主意。

陈平还没回来，高祖的病却加重了。高祖想，光杀了樊哙，还不能削弱吕后的势力。因此，他吩咐手下的人宰了一匹白马，叫大臣们歃血为盟："非刘氏不得封王，非功臣不得封侯。违背盟约，天下共伐之！"

且说陈平来到军中，建造高坛，以符节召见樊哙，将樊哙两手反缚入囚车，送往长安。

陈平在路上听到高帝崩逝，立太子刘盈为皇帝，尊吕后为皇太后的消息，更加恐惧，又怕吕须进谗，于是坐驿传马车急速回朝。路上遇到使者传命，令陈平屯驻荥阳；陈平接受诏命，旋即改变主意，回到关中，跑进长乐宫。

吕太后见陈平回来，马上问及樊哙。陈平讨好地说："我奉先帝之命处斩樊将军，可我始终认为樊将军功大于过，怎忍下手？再说那时先帝病重，昏迷中所说的话不一定对。因此，我只派人把樊将军送回来，听候太后的发落。"

吕太后松了口气，宽慰陈平。陈平畏惧谗言，唯恐地位不稳，就流着泪说："我受了先帝大恩，应该赤胆忠心地报答一番。现在太子刚即位，宫里正需要人，请让我在宫中做个卫士，伺候皇上，一来可以报答先帝大恩，二来可以替太后和皇上效力。"吕太后听了这些话，心里挺舒坦，夸奖陈平一番，拜他为郎中令，又叫他在宫里辅助皇帝。

汉惠帝六年相国曹参逝世，任命安国侯王陵为右丞相，陈平为左丞相，周勃为太尉。第二年，惠帝崩逝。

光禄勋杨恽是前丞相杨敞的儿子，他廉洁无私，刚直不阿，但为人过于尖刻，好揭人隐私，所以在朝中结怨很多。西汉宣帝五凤二年，有人上书告发太仆戴长乐。戴长乐怀疑是杨恽指使人干的，便也控告杨恽。廷尉审理后，判处杨恽恶言诽谤，大逆不道。汉宣帝刘询不忍心杀害他们，就把杨恽和戴长乐都贬为平民。

杨恽回到老家，购置田产，过着自得其乐的富翁的生活。他的朋友安定太守孙会宗写信劝他说："做大臣的革了职，应当闭门思过，显出惶恐不安的样子，不应当购买田地，结交宾客，四处抛头露面。"

杨恽心里很不服气，便给孙会宗回信说："我犯了严重的过错，行为有所欠缺，只好一辈子做个农夫。我带着妻子儿女，辛勤地耕种养蚕，想不到又受人讥讽。人总有七情六欲，不能压制的人情，连圣人都不加禁止。君王和父亲是最尊贵的，可是为他们送终，也有一定的时限。我得罪皇上，罚做平民已经3年，难道要天天把自己看作罪人吗？庄稼人一年到头辛辛苦苦地干活，总得让他们有个享乐的时候吧！每年的伏日、腊月，我就煮些羊肉，喝些酒，自我娱乐。酒酣耳热，我就仰天击缶（"缶"是古代的打击乐器），放声吟唱：

> 田彼南山，
>
> 芜秽不治；
>
> 种一顷豆，
>
> 落而为萁。
>
> 人生行乐耳，
>
> 须富贵何时！

就算这是荒淫无度，又有什么不可以的呢？"

不久，杨恽的侄子、安平侯杨谭又劝他说："你的罪很轻，又曾告发霍氏谋反，对国家有功，用不了多久就会官复原职的。"杨恽冷笑一声，愤愤地说："有功又有什么用？不值得为朝廷卖力！"杨谭叹了口气，说："唉！朝廷确实如此。司隶校尉盖宽饶、左冯翊韩延寿都是尽职尽力的官员，却因为一点小事就被处死。"

后来，出现日食，驷马猥佐成乘机上书刘询，控告杨恽说："这次日食是因为杨恽骄傲奢侈，不思悔过造成的。"

廷尉进行调查，发现杨恽写给孙会宗的信。刘询看了信，对杨恽深恶痛绝。于是，廷尉判处杨恽大逆不道，将他腰斩。

五、认清形势　独善其身

　　刘裕当了两年皇帝便一命呜呼了。临终他以徐羡之、傅亮、谢晦、檀道济为顾命大臣，辅佐其长子——少帝刘义符。他私下对刘义符说："檀道济有才干谋略，但无大志，不像他哥哥那样难以驾驭。徐羡之、傅亮当无异图。只有谢晦随我征伐，识机变，有才干，如将来有人反你，那必定是他。"谢晦是谢安的后代，出身东晋头号名门世家，奋起于寒微的刘裕对他的猜忌特别深。

　　少帝即位后，贪图玩乐，亲狎小人，不理政事，朝臣担忧。徐羡之、傅亮、谢晦、檀道济为了社稷，废杀少帝，并杀死不满他们执政的刘裕次子刘义真，立其第三子刘义隆为宋文帝。

　　他们担心文帝继位后，追究弑君之罪，在其未到京前，任命谢晦为荆州刺史都督荆湘七州军事，精兵强将全都调拨给他。又以檀道济镇守广陵，徐羡之、傅亮在内掌握朝政，以便内外呼应。

　　谢晦上任前与蔡廓话别，问："我能免祸吗？"蔡廓答道："你是顾命大臣，以社稷为重，废昏君立明主，在义理上没什么不对。但杀刘氏二兄弟而执掌朝政，又挟震主之威，据上游重地，从这两点看又难免祸难。"谢晦惶恐。待离开建康，回头望着石头城，欣喜地说："今天总算脱离是非之地了。"到荆州后，他又将两个女儿嫁给了宋文帝的两个兄弟刘义康和刘义宾，希冀以此免祸。

文帝刘义隆见其二兄被杀，自己被迎立为帝，心存疑惑，不敢进京即位。司马王华说："先帝刘裕有功于天下，四海臣服，嗣位的少帝不守纲常，刘家的天下还是稳固的。傅亮也是布衣诸生起家，不敢像司马懿、王敦那样贸然篡夺刘家天下。只是因为刘义真严厉果断，立之将来必不见容；而殿下您宽容仁慈，远近皆知，所以越过刘义真而立您。再说，他们担心少帝若存，将来终受其祸，所以杀他。这些都说明他们贪生怕死，想握权自固，不是想篡位自立。殿下尽可放心东下，以继大统。"于是，刘义隆留王华在荆州，自己东下即位。一路上派兵严密保卫，参军朱容子抱刀侍卫在侧，数旬不解带就寝，京城文武难以靠近半步。到京以后，以王昙首、王华等为心腹，委以领军之任。

元嘉二年末，宋文帝扬言伐魏，整顿兵马舟舰，准备诛杀徐羡之、傅亮，讨伐谢晦。京城人心惶惶。傅亮写信给谢晦说："讨魏国一事纷纷攘攘，朝野之士多反对北征，皇帝可能会派万幼宗前来征求意见。"言下之意是告诉谢晦，朝廷将有所动作。谢晦的弟弟谢瞻也派人告诉谢晦，朝廷将有异常行动。谢晦还不相信，要参军何承天起草答书，以应付万幼宗。何承天也说："外面传言纷纷，都说朝廷发兵已成定局，万幼宗哪里会来征求什么意见？"谢晦惶恐，问："如果真的这样，我该怎么办？"何承天劝他投奔北魏，以求自全。谢晦考虑良久，说："荆州是用武之地，兵多粮广，决一死战。如失败，再投北魏不晚。"于是下令戒严，司马周超自告奋勇，严阵以待。

元嘉三年，宋文帝以弑杀刘义符、刘义真之罪，下诏杀徐羡之、傅亮，并率军伐谢晦。为分化顾命大臣，宋文帝说："檀道济只是胁从，并非主谋，弑君之事与他无关，我将安抚使用他。"他将檀道济召至建康，问他讨伐谢晦的策略。檀道济说："我与谢晦一起北征后秦，入关后所定十策，有九条是谢晦的主意，可见其才略过人，很少有人能与之相比。但他从未决战沙场，军事非他所长。我知谢晦有智谋，谢晦亦知我勇武。今奉命讨伐，可不成而胜。"

谢晦得知徐羡之、傅亮等人被杀，立即集合精兵3万，发文为他们申冤，并说："我等如志在当权，不为社稷国家考虑，武帝刘裕有8个儿子，当初尽可以立个年幼的皇帝，然后发号施令，谁敢反对？何必虚位七旬，从三千里迎立文帝您呢？再说不废昏君何以立明主？我何负于宋室！这次祸乱全是王弘、王昙首、王华猜忌诬陷造成的，我举兵以清君侧。"

谢晦率2万人马自江陵出发，舟舰浩浩荡荡，旌旗相望。他原以为檀道济也被杀了，不料，道济却率众来攻，不由惶惧失计。士卒见道济率兵前来，四下溃散。谢晦乘小船逃回江陵，携其弟谢遯等7人逃奔北魏。谢遯肥壮，不能骑马，谢晦为等谢遯耽误了不少时间，以致在黄陂被捉，送至建康被杀。临刑前，其女儿、刘义康妃，披发赤脚。与之诀别，说："阿父，大丈夫当横尸战场，为何狼藉都市。"言毕大哭昏厥，行人为之落泪。

六、耿直从事 不涉纷争

公元前122年，在丞相赵周死在狱中后，石庆受命担任丞相。汉代时，每年8月都要举行当年新酒上献予宗庙的酎祭，每逢此祭诸王侯皆须按其领地大小所规定的分量筹措黄金。这一年，因遭举发酎金箔不足而丧失封位的诸侯，竟多达106人之多。

赵周难辞其咎，因而自尽。而石庆则接到这样的诏书："万石君深受先帝器重，其子嗣尤富孝行。是此使御史大夫石庆为相，并封为牧丘侯。"当时，汉室内外正值多事之秋。南有两越、东有朝鲜、北有匈奴、西有大宛。为扩充疆土与这些外邦争战不休。国内又盛大举办自始皇帝以来未曾间断的封禅仪式，规模浩大的出巡活动，几乎年年不断。修筑各地神祠，并营造以"柏梁台"为首的壮观建筑。为此，国库匮乏，迫使朝廷不得不商议对策。

商人出身的桑弘羊因此出任大司农，掌管财政；而以酷吏作风闻名的王温舒，则担任廷尉，贯彻执法；儿宽则担任御史大夫，以推进振兴儒学之策。九卿互握有指导政策的权限，反倒是丞相石庆却如身事外。而石庆也只是一味谨守家风教诲而已。在长达9年的任期中，丝毫未曾有些许建功。

民生凋敝，百姓流离失所。公元前107年，关东的灾民多达200万，无户籍之人，也有40万之众。若由武帝初期全国2000万总人口的比例看来，这无疑是相当严重的问题。若放任不顾，不免将演变成一场大动乱，面对此一严重事态，苦无良策，只得上奏，建议将1000灾民迁徙至边境。而年纪老迈、严谨正直的丞相，武帝不认为是能与之共商此等大事的人，故而赐假让石庆返乡一阵子，再着手研商对策。

为此，石庆以不能胜任丞相之职为耻，而上书道"臣诚恐受任丞相之职，然年老不配堪辅弼大任，造成国库空虚，又陷生灵于流亡之途。虽万死难辞其罪，唯陛下法外施恩，免臣之罪。故此，万望奉还丞相及爵侯之印绶，以开贤者之道。"

武帝则复函怒斥道："国库早已空虚，百姓饥馑流离失所，甚至有提议希望能将灾民迁徙至边境之说，益发动摇民心，陷百姓于不安。在此国难当头之际，你竟打算辞官，到底是想把责任推诿给谁？快快回到你妻子的身边好了。"

石庆本以为是得到了武帝的许可，欲将印绶奉还。然而由圣旨的字面看来，丞相府内的官员并不认为如此。尤其最后一句话，不正是相当愤怒的表现吗？劝石庆干脆自杀的也大有人在，在战战兢兢、难下决定之际，石庆就只有继续担任丞相的职务。好在武帝也未再深追究，起码暗中对石庆的过分耿直而苦笑不已。即便如此，群臣之中却也不闻有弹劾之声，这又是为了什么呢？诚如前面所说的，万石君一家的谦恭正直，不仅是单对天子个人，更是对广大社会全体的一种行为原则。而这种一视同仁的谦恭态度，理当使人们找不到仇视他的理由。

4年后，石庆在丞相职内病故，这也可以说是极为特殊的例子。因为武帝的在位期间长达53年，在后半期出任丞相的5人之中，得以享尽天年的唯有石庆1人，其余4人皆死于刑罚之下。

七、急流勇退　弃官避祸

范蠡侍奉越王勾践，辛勤劳苦，尽心尽力，为勾践深谋远虑二十多年，最终灭了吴国，洗刷了会稽耻辱，率兵向北渡过淮水，兵临齐国、晋国，号令中原各国，勾践因此而称霸，范蠡号称上将军。

返回越国后，范蠡认为盛名之下，难以长居久安，而且以勾践的为人可以跟他同患难，很难跟他同安乐，写信告别勾践说："我听说君主有忧，臣子就应劳苦分忧，君主受辱，臣子就应死难。从前君王在会稽山遭受耻辱，我之所以不死，是为了复仇的大业。现在已经洗刷了耻辱，我请求惩罚我在会稽山使君王受辱，判我死罪。"勾践说："我将和你分享并拥有越国。要不然，我就要惩罚你。"范蠡说："君王根据法令行事，臣子依从志趣行事。"就装上他的轻便珍宝珠玉，私自和他的家仆随从乘船漂海而去，最终也没有返回越国。于是勾践就在会稽山做标记，把它作为范蠡的封邑。

范蠡泛海来到齐国，改名换姓，自称鸱夷子皮，在海边耕

作，辛勤劳苦，努力生产，父子治理
产业，住了没多久，财产达到几
千万。齐国人听说他很贤能，请
他做丞相。范蠡慨叹道："做平
民百姓就积聚千金，当官就达
到卿相的地位，这是平民百姓
所能达到的顶点了。长久地享
受尊名，不吉祥。"于是归还相
印，散尽家财，分给朋友和乡亲，携带贵重的珍宝，悄悄离去，
到陶地定居。认为这里是天下的中心，贸易交换的道路畅通，做
生意可以致富，于是自称陶朱公。又约定父子耕种、畜牧、贱买
贵卖，等待时机转卖货物，追求1/10的利润。住了没多久，就积
聚财产累计达到万万。天下人都称道陶朱公。

　　而与范蠡曾同朝为官的文种却是一个极好的反面教材。

　　范蠡离开越国后，从齐国给大夫文种送去书信说："飞鸟
尽，良弓藏；狡兔死，走狗烹。越王的长相脖子很长，嘴尖得像
鸟喙一样，可以跟他共患难，但不可以共欢乐。你为什么不离去
呢？"文种看了书信，托病不再上朝。有人进谗言说文种将要作
乱，越王于是赐给文种宝剑，说："你教给我7种讨伐吴国的计
谋，我用了其中3种就打败了吴国，还有4种在你那里，你为我到
先王那里试用这些计谋吧。"文种于是自杀。

八、让权减职　清除隐忧

当打太平军天京城破以后，曾国藩兄弟的威望达于极盛。曾国藩不但头衔一大堆，且实际上指挥着三十多万人的湘军，还节制着李鸿章麾下的淮军和左宗棠麾下的楚军。除直接统治两江的辖地，即江苏、安徽、江西三省外；还节制浙江、河南、湖北、福建以至广东、广西、四川等省也都在湘军将领控制之下；湘军水师游弋于长江上下，掌握着整个长江水面。清王朝的半壁江山已落入他的手中。他还控制着赣、皖等省的厘金和几省的协饷。时湘军将领已有10人位至督抚，凡曾国藩所举荐者，或道府，或提镇，朝廷无不如奏除授。此时的曾国藩，真可谓位贵三公，权倾朝野，一举手一投足而山摇地动。

在这样的时刻，这样的境地，曾国藩今后的政治走向如何，各方面都在为他设想、谋划。已经有统治中原两百多年历史经验的清王朝，自然不容高床之下有虎豹酣睡，只是一时容忍未发；不断有来自权贵的忌刻怨尤，飞短流长，也是意中之事；自然也有一批利禄之徒，极力怂恿曾国藩更创大举，另立新帝，以便自己分得一匙羹汁。

何去何从的问题，当然也早在谙熟历史的曾国藩的思虑之中了。他准确地估计自己"用事太久，兵权过重，利权过广，远者震惊，近者疑忌。"故同治三年六月十八日三更半夜，他在安庆接到湘军攻下金陵的咨文时，竟然"思前想后，喜惧悲欢，万端交集，竟夕不复成寐"。

此时此刻，喜与欢固不待言，可是，他何惧何悲？个中内情，后人虽不敢妄断臆说，却确知曾国藩在大喜的日子里颇有隐忧！

而事实上，曾国藩每获重位时表现出来的那种战战兢兢的心态，也并非杞人忧天，因为据说当湘军克复武汉时，咸丰皇帝曾仰天长叹道："去了半个洪秀全，来了一个曾国藩。"当时洪秀全的太平天国，已是走下坡路，而曾国藩的声威，正是如日中天，两人又都是汉人，无怪咸丰帝有此慨叹。所以当清廷委署曾国藩为湖北巡抚，曾国藩照例要谦辞一番，奏章尚未出门，"收回成命"的诏谕，已经下达。仅嘱咐他以"礼部侍郎"的身份，统兵作战。这些明来暗去的猜忌，曾国藩岂能不知。

清军江南大营被再度摧毁之后，清朝绿营武装基本垮台，黄河以南再没有什么军事力量足以与太平军抗衡，因而不得不任命曾国藩为两江总督，依靠他镇压太平天国革命。所以，清政府就采取了两方面的措施：一方面迅速提拔和积极扶植曾国藩部下的湘军将领，使之与曾国藩地位相当，感情疏远，渐渐打破其从属关系；清政府对曾国藩的部下将领和幕僚，如已经死去的塔齐布、罗泽南、江忠源、胡林翼、李续宾、李续宜和当时尚在的左宗棠、李鸿章、沈葆桢、杨载福、刘长佑等都实行拉拢和扶植政策，使他们渐渐与曾国藩分庭抗礼，甚至互相不和，以便于控制和利用。而对于曾国藩的胞弟曾国荃则恰恰相反。

同治二年（公元1863年）5月曾国荃升任浙江巡抚之后，虽仍在雨花台办理军务，未去杭州赴任，亦本属清政府的意旨，照例是可以单折奏事的。曾国藩遂让曾国荃自己上奏军情，以便攻陷天京后抢先报功。不料，奏折刚到立遭批驳。清政府以其尚未赴巡抚任，不准单折奏事，以后如有军务要事，仍报告曾国藩，由曾国藩奏报。曾国藩恐曾国荃心情抑郁，言词不逊，在奏折中惹出祸来，特派颇有见识的心腹僚赵烈文迅速赶赴雨花台大营，专门负责拟章奏咨禀事项。曾国荃攻陷天京后，当天夜里就上奏报捷，满心以为受大赞扬，不料又挨当头一棒。上谕指责曾国荃破城之日晚间，不应立即返回雨花台大营，以致让千余太平军突围，语气相当严厉。事情发生后，曾国荃部下各将都埋怨赵烈文，以为是他起草的奏折中有不当言辞引起的。

赵烈文则认为，这与奏折言辞无关，而完全是清政府猜疑，有意苛求。否则，杭州城破时陈炳文等十余万人突围而去，左宗棠为何不受指责？幸好有人将李秀成捆送营，否则曾国荃更无法下台。

但是，清政府并不就此了结，而是步步进逼，揪住不放。数日之后，清政府又追查天京金银下落，令曾国藩迅速查清，报明户部，以备拨用。尤其严重的是，上谕中直接点了曾国荃的名，对他提出严重警告。上谕说："曾国藩以儒臣从戎，历军最久，战功最多，自能慎终如始，就保勋名。唯所部诸将，自曾国荃以下，均应由该大臣随时申儆，勿使骤胜而骄，庶可长承思眷。"这无疑是说，曾国藩兄弟如不知禁忌，就难以"永保勋名""长承恩眷"了。真是寥寥数语，暗伏杀机。对此，曾国藩采取了积权的应对办法，一是叫攻克金陵的"首功之臣"，统有5万嫡系部队、被清廷斥为"骤胜而骄"，且有"老饕之名"的老九曾国荃挂冠归里。他说："弟回籍之折，余斟酌再三，非开缺不能回籍。平日则嫌其骤，功成身退，愈急愈好。"二是裁减湘军十二营，同时将赴援江西的江忠义、席宝田两部一万余人和鲍超、周宽世两部两万余人均拨给沈葆祯统辖。这样，曾国荃所部仅只剩几千人了。三是奏请停解广东、江西、湖南等省的部分厘金至金陵大营，减少自己的利权。统观三条，都是曾国藩的"韬晦"之计。他在金陵攻克前还"拟于新年（同治二年）疏辞多篆、江督两席，以散秩专治军务，如昔年侍郎督军之象，权位稍分，指摘较少"。

虽然后来曾国藩没有疏辞钦差大臣和两江总督，但上述三条措施，正中清朝廷的下怀，使清朝廷骤减尾大不掉之忧，因而立即一一批准。针对曾国荃奏请回籍调理，并部勒散勇南归一折，7月27日上谕说："该抚所见，虽合于出处之道，而于荩臣谋国之宜，尚未斟酌尽善。"仅仅表示了一番朝廷的"存问"。及至曾国藩于8月27日代曾国荃正式奏请"开缺回籍调理"时，很快便得到九月初四的上谕的批准，其间仅仅7天！曾国荃粗鄙，不能理解阿兄与清廷之间在政治上的这种交易与默契，对于开缺浙江巡抚大为不满，竟在阿兄移驻金陵，大会宾客之时，一腔牢骚，满口怨言。后来，曾国藩回顾此事，对赵烈文说："三年秋，吾进此城行署之日，舍弟甫解浙抚任，不平见于辞色。时会者盈庭，吾真无地置面目。"其实，不止曾国荃，当时朝野上下，深刻地领会曾国藩这种韬晦之计的能有几人？

九、容人一条路

唐朝姚崇当宰相时，有一天在殿上奏弹劾张说的罪状数百言。玄宗非常生气，说："你回中书省后，应抄一副本送给御史中丞，和御史中丞一起追查这些事。"可是张说完全不知情。

大约10个月前，一位张说教导的书生，私通张说最宠爱的侍婢，正巧被抓到奸情，这件事被张说知道了。张说很生气，准备送他到京兆尹去接受审问判罪。这位书生大声嚷叫说："见了美色，情不自禁，这是人之常情。公贵为宰相，难道不会碰到紧急要人帮忙的时候？而竟然要吝惜一位婢女呢？"

张说对他的话很惊异，于是放过他，并把侍女送他。

书生离开之后，十个多月不见踪影，也无消息。有一天突然来探访张说，满脸的忧愁，并且说："我感激张公的恩德，一直都想报答。现在听说张公被姚相国陷害，御史台已准备调查，张公就要危难临头了。我希望能取得张公生平最喜欢的宝物，送给九公主，想办法请她帮忙，一定能即刻摆平此事。"张说于是一一指出自己最喜欢的宝物，书生都认为不恰当。

当看到鸡林郡所进献的夜明帘，书生就说："这件很合适，我的计划可以成功了。"

同时请张公写几行恳请帮忙的话，一起带走。

书生很快离去，急忙赶路，到了晚上才到九公主府邸，书生一五一十地将张说的意思以及整个情况都告诉九公主，同时以夜明帘作为见面礼，并且请公主对玄宗说："皇上难道不想想在东宫时，不是一直想要好好对待张丞相吗？现在怎么反而要对他有所不利呢？"

第二天早上，公主进去拜见，完全将这些话上奏。玄宗受感动，赶紧命高力士到御史台宣示前回交待审讯调查的事情，一律停止。书生从此后也不再拜见张丞相了。

宽恕的道德意义无须赘言，它的心理价值也是无量的。

国外有一位政治家，早年在一个大富人家干活，主人对这位政治家百般刁难，后来那个大富人家破了产，而这位政治家在政界崛起，真是风水轮流转。

有一天，那个破落家族的小儿子可怜兮兮地找上门，希望谋取一份工作，这位政治家非常客气地对待他，而且不到一个星期，就在一家船务公司给他找到一份工作。政治家的儿子有些纳闷不解，而他则认为：宽恕人家，不仅施行道德，而且也使自己的心境远离因为报复撩起的负面情绪。从心理学角度讲，报复心理是一种莫大的精神负担，会给自己增加无休止的烦恼。怪不得康德说："生气，是用别人的错误惩罚自己。"

宽恕别人，使自己心平如镜，不为算计而绞尽脑汁，不为泄私愤而损伤自己的快乐，不为结果如何而担惊受怕，这样的话，心里会坦荡宁静，如沐春风。

十、莫倚权妄为

　　海陵王完颜亮荣登大宝，但那是僭窃而来，朝野上下虽无异议，但表面的平静并不意味着四方稽首，万众拥戴。尤其太宗一支子孙官爵显赫，势力强大，使他寝食不安。倘不加防范，难免他日发难，而防范的最好办法，莫过于兴狱屠戮。他当臣子时，就曾向熙宗进言，说宗本等势强，不宜优宠太甚，及至篡立，猜忌愈深，便和秘书监萧裕设谋，杀戮太宗一支。但宗本、秉德等都是懿亲大臣，无故杀戮，又恐国人不服，便由萧裕授意和宗本关系最密切的尚书令史萧玉告变。萧玉诬告秉德在去外地做官时曾与宗会饮，并约定内外相应，图谋不轨，危害社稷。完颜亮拿到了这一"证据"，便派人前去宣召宗本，说是皇上要开一次打马球的盛会，要各地精于马球的贵族大臣前往参加，宗本并未料到完颜亮会加害自己，便与宗美一起前来。因为宗本、宗美两人实在未曾准备谋反，所以，完颜亮也不审问他们，只是将他们立即处死。在除掉了这两个最有权势的熙宗宗室之后，又杀了东京留守宗懿、北京留守可喜、益都尹毕王宗哲等人，同时还派唐括辨杀死了秉德，甚至连最为老实无能的东京留守宗雅也不放过，他们的家属亦被杀死。这样，太宗子孙有七十余人被杀，宗翰子孙有三十余人被杀，两支宗室血脉无一幸存。通过这次骇人听闻的大屠戮，完颜亮基本消灭了能同他竞争皇位的宗室力量，觉得可以"稳坐江山"了。

完颜亮在消除了他的政敌之后，仍然做无谓的杀戮，只要他看不顺眼的，即加杀戮。他见宗室斜也一支不太归心，就又派人假造谋反信件，利用这一信件，把掌握军政大权的斜也宗族以及一些他所不信任的大臣杀掉。结果，又杀掉了一百三十多人。完颜亮的残忍好杀，一方面确实起到了震慑作用，但另一方面，又使得群臣和宗族恐惧战栗，逐渐与完颜亮产生了隔阂。

大概因为他是庶子，自小遭受正室和其他人的白眼的缘故，他的复仇欲特别强烈，他不仅杀尽了熙宗的宗室，也没有放过徒单太后。完颜亮的父亲宗干有3房妻妾，长房正室徒单氏没有生育，次室李氏生郑王完颜充，第三房大氏则生了3个儿子，其长子就是完颜亮。徒单太后收养完颜亮为养子，完颜亮聪明伶俐，讨人喜爱，对他还算喜欢，再加上徒单氏十分贤惠，和完颜亮的生母相处十分融洽，应该说，完颜亮是不应该有所记恨的。但就是这样，完颜亮也容忍不得，一旦稍稍触犯了他的自尊心，他就会横加报复。在完颜亮杀死熙宗之后，徒单氏听说了，曾经惊讶地说："皇帝虽属无道，做臣子的也不该如此！"等见了完颜亮，也没有拜贺他即位为皇帝。完颜亮从此怀恨在心。

完颜亮当皇帝后，徒单氏和大氏都被尊为太后。一次，徒单氏生日，完颜亮和生母大氏一同前往祝寿，当大氏举杯奉觞之时，徒单氏正和别人说话，大概是没有察觉吧，让大氏等了一会儿，完颜亮非常气愤。第二天，他把和徒单氏说话的公主、宗妇叫来，把她们痛打了一顿。完颜亮的生母大氏听说了这件事，觉得过意不去，便责备完颜亮，而完颜亮却说："我如今当了皇帝，岂能和以前一样遭人冷落？"

完颜亮的生母大氏死后，完颜亮才把徒单氏接到中都，他表面上十分孝顺，经常去请安问好，多次率群臣百官为之祝寿，并亲自服侍，同辇而行，以至人们以为他天性至孝，连徒单氏也深信不疑。因此，徒单氏曾多次推心置腹地劝他多行善事，少动刀兵，尤其是不要涉江淮代宗。完颜亮听了，当面隐忍不发，但每次回来，都怒气冲冲。后来，完颜亮想起徒单氏的养子完颜充的4个儿子都已长大，而且全都在外带兵，徒单氏又和一帮大臣多有交结，且经常表露出反对自己的情绪，如果他们里应外合，骤然起兵，恐怕很难对付，于是，他决定除掉徒单氏。完颜亮先收买徒单氏的侍女高福娘，让她监视徒单氏的一举一动，取得"谋反"的证据，继而派人把她勒死，并把她的尸体焚烧投于水中。徒单氏身边的侍女从人全被杀掉。

十一、拔树容易种树难

田需极受魏王重视。惠子告诉他说："你一定要善待左右之人。我打个比方，杨木，横着种也活，倒着种也活，折断了再种也活。但假使要十个人种树，一个人拔树，那还是不会有活的杨木。以十个人之力种的树容易活，却抵不过一个人拔树，为什么呢？因为毕竟种树难而拔树容易啊！现在你虽然擅长于在大王面前树立形象，但是希望拔除你的人却很多，你自然会有危险！"

十二、莫因怨招疑

秦军长平大捷后，趁势占领了上党郡，白起亲率大军进围邯郸，另外分兵二路，一路攻打皮牢(今山西冀城），不久就攻克了；另一路由司马梗率领攻打太原。韩、赵两国非常恐惧，赵国就派著名策士苏代带着大量财宝去游说秦国宰相应侯范雎。苏代对范雎说："武安君白起战功显赫，必为秦国的三公，你甘愿位居其下吗？如果赵国被攻灭，你不想位居其下也不可能。不如听从韩、赵割地求和，何必让武安君独得大功？"应侯觉得有理，就对秦王说："我军风餐露宿，长年在外作战非常疲劳；不如同意韩、赵两国割地求和。我们也好趁此机会休整士卒。"秦王答应了。白起知道了这件事情后，对范雎非常怨恨。

第二年9月，秦又发兵攻赵。因白起生病不能行动，秦王派王陵统率部队。次年一月，王陵攻打赵都邯郸失利，损失五校兵马。秦王决定派兵增援，这时白起已经病愈，秦王便想让白起去替换王陵。

白起说："邯郸确实不易攻打，况且诸侯的救兵都陆续到了。诸侯各国都恨秦国，他们必定合力同心。秦国上次虽然在长平大破赵军，但我军也大伤元气。何况远隔河山去攻取赵国首都，赵与诸侯内外夹击，一定会重创我军的。"于是，推辞了秦王的任命。

秦王派应侯范雎去请，白起也坚决推辞不肯前往。白起对应侯说："从前未能乘长平之胜围赵，致失战机，现在赵国内有准备，外结好于诸侯，此时攻赵必败无疑，我不能奉诏前往。"应侯回报秦王。秦王想：离了白起就攻不下邯郸吗？后决定另派王龁去替换王陵。秦军又围了八九个月，仍没能攻下邯郸。这时，楚魏的救兵来到了，夹击秦军。秦国损兵折将，损失惨重。武安君白起却对人说："秦王不听从我的计策，现在怎么样？"这话传到秦王的耳朵里，秦王大怒，立即下令强迫白起就职上任。白起请人代拟一表章自称病重，坚决不肯去。应侯又一次亲自上门去请，白起坚决不答应。

白起自恃功高，不愿就职，不过是和范雎怄气。秦王一怒之下，免去白起的一切官爵，将他流放到阴密(今甘肃灵台县)。白起这下真的气病了，一直病了三个多月，没有办法起程。恰在这时，围攻赵国的秦军多次被击败，秦王天天收到前方不利的消息，认为这都是白起造成的，就派人将白起赶走，不准再留在咸阳。

白起没有办法，只得勉强行走，走了四十多里，来到杜邮。秦王与范雎等大臣商议，说："白起被驱逐，他内心一定不服，有怨言。"便派使者拿着宝剑去追白起，令他自杀。白起被迫挥剑自刎。